바다와 산이 있어 아름다운 그 곳

제주도

Justgo 국내여행 가이드북 ❶

제주도

2011년 8월 1일 초판 13쇄 인쇄
2011년 8월 8일 초판 13쇄 발행

지은이 | 박동식
발행인 | 전재국

본부장 | 이광자
단행본개발실장 | 박지원
책임편집 | 권희대
마케팅실장 | 정유한
책임마케팅 | 정남익 노경석 김동준 신재은
제작 | 정웅래 박순이

발행처 | (주)시공사
출판등록 | 1989년 5월 10일(제3-248호)

주소 | 서울특별시 서초구 서초동 1628-1(우편번호 137-878)
전화 | 편집 (02)2046-2847 · 영업 (02)2046-2800
팩스 | 편집 (02)585-1755 · 영업 (02)588-0835
홈페이지 www.sigongsa.com

ISBN 978-89-527-4044-1 14980

국내여행 가이드북 ❶

Just go

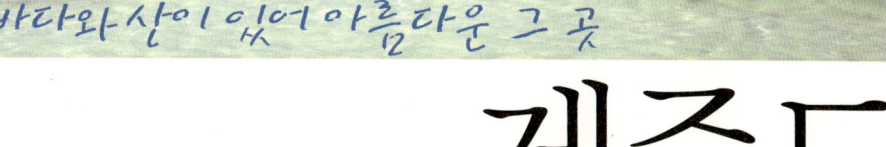

바다와 산이 있어 아름다운 그 곳

제주도

사진·글 _ 박동식

시공사

떠나고 싶을 때가 있다.

아니, 떠나야 할 때가 있다.

그때 많은 사람들은 바다를 생각하고 섬을 생각한다.

120만년 전 푸른 바다 속에서 외롭게 솟아오른 섬, 제주.

그 섬에는 오늘도 사람보다 많은 전설이 숨을 쉬고 있으며

오름의 낮은 풀들은 태고의 흙 냄새를 간직한 채 푸르기만 하다.

바다를 건너온 그리운 바람이 여행자의 손등을 애무하고

이른 아침 따뜻한 바다가 물안개를 피워내는 곳.

사람들은 수없이 그 섬의 이름을 불렀고

섬은 철마다 오색 옷 갈아입으며 그들을 기다린다.

제주도 지역 정보

제주시

서귀포시

제주도 테마 여행

봄

제주는 우리 나라에서 봄이 가장 먼저 찾아오는 곳이다. 한라산에 아직 하얀 눈이 쌓여 있는 3월이면 곳곳에서 노란 유채 꽃이 피어나고 4월에는 잠자던 대지가 푸른 들풀을 틔우기 시작한다. 그리고 5월이 되면 푸르러진 한라산에 붉은 철쭉이 피어나니 제주는 봄 한철만도 여러 차례 옷을 갈아입는다고 할 수 있다. 여름보다도 더 역동적인 제주의 봄은 그래서 매력적이다.

여름

여름을 대변하는 것은 역시 해변이다. 강렬한 태양과 에메랄드빛 바다. 제주 곳곳에 분포되어 있는 오염되지 않은 해변들은 수정처럼 투명하며 몸에 물이라도 들 것처럼 뛰어난 빛깔을 간직하고 있다. 일부 유명 해수욕장은 제법 많은 인파들이 몰리기도 하지만 대부분의 해수욕장은 고운 백사장에서 적당히 여유를 즐길 수 있다. 또한 패러세일링이나 바나나보트, 제트스키 등 다양한 해양스포츠의 계절이기도 하며 여행자가 제주를 가장 많이 찾아오는 시즌이기도 하다.

가을

사실 제주가 아름다운 이유는 오름이 있기 때문이다. 그리고 그 오름이 가장 아름다운 때는 가을이다. 갈색 무성한 억새꽃이 흐드러지게 피어나는 가을. 푸른 하늘 밑에서 황금빛으로 물들어 가는 억새는 제주에서 놓칠 수 없는 비경 중에 하나이며 한라산의 단풍 또한 신비롭기 그지없다. 물론 한라산의 단풍은 울긋불긋 물들지는 않는다. 하지만 역광으로 빛나는 노란 계열의 잎들은 매우 아름다우며 여행자의 마음을 사로잡기에 충분하다.

겨울

남한에서 가장 높은 한라산은 겨울 내내 하얀 눈에 덮여 있다. 이런 한라산이 없었다면 아마도 제주의 겨울은 무척이나 심심했을 것이다. 한라산은 제주시보다 서귀포에서 조망하기 더욱 좋으며 시간과 여건이 허락한다면 겨울 한라산을 등산하는 것도 잊지 못할 추억이 될 것이다. 하얀 눈꽃을 피운 겨울 나무들과 은빛 설산. 특히 그곳에서 바라보는 제주의 바다는 매우 특별하다.

photo by Kim Bongsun

제주도 여행 첫걸음

제주의 역사

석기시대부터 시작된 제주의 역사는 이후 청동기 시대와 철기시대를 거쳐오면서 타제석기, 골각기, 고인돌, 마제석기, 토기, 옹관묘 등의 유물들을 제주 전역에 걸쳐 남겼다.

제주의 옛 이름으로 일반에게 가장 널리 알려진 '탐라'는 통일 신라 때 얻은 국호이며 이때부터 탐라는 신라를 섬기기 시작했다. 통일 신라 이전 삼국시대 때부터 고구려, 백제, 신라와 외교관계를 맺어 왔으며 문헌에 의하면 탐라라는 국호 이전에는 도이(島夷), 동영주(東瀛洲), 섭라(涉羅), 탐모라(耽牟羅), 탁라(托羅) 등으로 불린 것으로 전해진다.

고려 시대(1105년)에는 탐라 국호가 폐지되고 탐라군으로 고쳐져 중앙 관원이 파견되어 민정을 관장하기 시작하였고 지금의 제주라는 명칭은 고려 고종(1214년) 때부터 사용되기 시작했다.

【제주의 근대사】 제주는 삼별초의 마지막 항전 장소이다. 제주도를 거점으로 최후까지 대몽항전을 벌인 삼별초는 끝내 싸움에 패배했고 이후 제주는 1374년(공민왕 23년) 최영 장군에 의해 영토권이 회복될 때까지 100여 년 동안 몽고의 지배를 받았었다.

1901년 흔히 이재수의 난으로 알려진 도민 봉기는 중앙에서 파견된 봉세관과 천주교도의 행패에 대항하여 도민이 일어난 사건이며 이 사건에 대한 연구는 여러 각도에서 이루어져 왔지만 연구자의 입장에 따라 교란, 민란, 의병운동 등으로 그 성격이 다르게 규정되고 있다.

또한 1909년 2월에는 제주에서 항일 의병 운동이 일기 시작했고 1919년 중앙에서 3·1운동이 일어난 후 3월 21일 지금의 만세동산에서 만세운동이 펼쳐지기도 했다.

1948년에 발생한 4·3항쟁은 1947년 3월 1일 제주읍 관덕정 광장에서 3·1절 28돌 기념집회에 참석한 시위군중을 향해 경찰이 총을 쏘아 6명의 희생자를 낸 것이 도화선이 되어 민심이 흉흉해지자 미군정이 육지경찰과 서북청년단을 동원해 대규모 강경 탄압으로 대응하면서 발생했다. 민중들은 '탄압이면 항쟁이다' 라는 구호로 맞섰고 결국 이 항쟁으로 인해 수만 명의 제주 도민이 목숨을 잃었다. 제주의 역사상 가장 큰 아픔으로 기록될 4·3항쟁은 2003년 10월 정부차원에서 대통령의 공식사과가 있었지만 아직도 논란은 계속되고 있다.

【삼성(三性)신화】

외부와 차단된 독특한 문화를 갖고 있던 제주는 특별한 개벽신화를 갖고 있다. 삼성혈의 세 구멍에서 세 사람(고/高, 양/良, 부/夫)이 솟아 나왔다는 설화인데 이들은 광활한 초원을 돌아다니며 수렵생활을 즐기며 살다가 짐승과 오곡의 종자를 가지고 온 벽랑국(碧浪國)의 세 공주를 배필로 맞이한 후 활을 쏘아 자신이 살 곳을 정하여 정착했다고 한다.

지금도 세 공주가 도착했다는 '연호포' 해변과 이들이 혼례를 치르고 첫날밤을 보낸 '혼인지', 삼신인이 자신의 주거지를 정하기 위해 활을 쏘았던 장소 '사시장올악' 과 그 화살이 박혔던 돌이라는 '삼사석' 이 그대로 전해져 오고 있다.

제주의 **문화**

예부터 제주는 삼다도(三多島)라는 애칭을 갖고 있었다. 바람과 돌과 여자가 많다는 의미에서 붙여진 또 다른 이름이었다. 보이는 것이라고는 사면 모두 망망대해인 제주에 바람이 많은 것은 당연한 일일 것이다.

【삼다 삼무】 예부터 제주는 삼다도(三多島)라는 애칭을 갖고 있었다. 바람과 돌과 여자가 많다는 의미에서 붙여진 또 다른 이름이었다. 보이는 것이라고는 사면 모두 망망대해인 제주에 바람이 많은 것은 당연한 일일 것이다. 특히 여름이면 몇 번씩 찾아오는 태풍의 길목에 위치해 있어 열악한 자연환경을 타고났다고 볼 수도 있지만 다행한 것은 제주의 독특한 지반 구조 덕분에 물이 잘 고이지 않고 모두 지하로 스며들거나 직접 바다로 흘러 들어가기 때문에 태풍 피해 중에 하나인 침수 피해는 발생하지 않는다. 하지만 이런 지반으로 인해서 논농사가 거의 불가능한 것이 단점이기도 하다. 또한 돌로 쌓아올린 돌담들을 보면 틈이 많아서 엉성하게 쌓아올린 것처럼 보이기도 하지만 사실은 강한 바람에도 담이 쓰러지지 않고 바람이 빠져나갈 수 있도록 바람 길목을 만들어 놓은 생활의 지혜이다.

한라산의 화산폭발로 생성된 돌덩이들은 제주의 건축 자원으로서 중요한 위치를 차지한 것도 사실이지만 밭을 개간하며 농사를 지어야 했던 농부들에게는 크나큰 걸림돌이기도 했다.

또한 제주에 여자가 많았던 이유는 어선을 타고 바다로 나갔던 남자들이 태풍을 만나 사망하는 경우가 많았던 것이 원인이었다고 한다.

바람과 돌과 여자가 많은 것이 삼다라면 도둑과 거지와 대문이 없는 것을 가리켜 삼무(三無)라고 한다. 열심히 일하고 서로를 신뢰하며 상부상조하던 제주인들의 품성을 그대로 드러내는 것이 바로 삼무라고 할 수 있다. 제주시는 도시화가 되어서 상황이 조금 다르기는 하지만 현재도 삼무는 제주 전역에서 그대로 유지되고 있는 상황이다. 새로 지어진 가옥들도 대문이 없는 경우가 허다하고 있다고 해도 문을 걸어 잠그고 외출하는 경우는 드물다. 그래도 도둑이 없어 마음 편히 집을 비울 수 있는 곳이 바로 제주이며 제주 전역 어디에서도 구걸하는 걸인을 발견하기는 어렵다.

【동자석】

동자석(童子石)은 무덤 앞에 세워진 일종의 석상이다. 대부분이 어린아이의 형상을 하고 있지만 표정들은 참으로 다양하다. 가슴 앞으로 모은 손에 무엇이 들려있느냐에 따라 그 기능과 의미가 다른데 부채는 권위와 위엄을 나타내고 술잔과 술병은 망자의 시중꾼이란 의미이며 방울은 악귀를 쫓아내는 주술적 의미가 강하다고 한다. 또한 창은 장수(將帥)를 의미하고 홀(笏)은 문신(文臣)을 나타낸다고 한다.

죽은 자의 영혼을 위로하고 묘지를 지키는 수호신 역할을 했던 동자석은 그 자체만으로도 뛰어난 미술적 가치를 갖고 있다. 표면이 거친 현무암을 이용했기에 자연미가 뛰어나고 지나친 기교를 부린 조각술이 아니기에 단순미 또한 훌륭하다. 여기에 오랜 시간 비바람을 맞으며 세월의 깊이를 더해 가는 동자석은 제주 돌문화의 최고 걸작이라고 할 수 있다.

안타까운 것은 독특한 매력과 뛰어난 미술적 가치 때문에 무덤 앞에 있어야 할 수많은 동자석들이 도굴되었고 이렇게 도굴된 동자석들은 호사가들의 정원 장식품으로 변질되거나 삐뚤어진 수집가들의 수집품으로 전락되고 있다는 것이다.

【갈옷】

제주도에 자생하는 재래 떫은감은 식용이나 가공품으로 이용하기에 적절하

렸던 이들은 제주 여인의 강인함을 상징하고 있으며 세계적으로 우리 나라와 일본에만 존재한다고 한다. 예전에는 열두 세 살이 되면 헤엄치기와 잠수하는 법을 배우기 시작했고 열댓 살이면 해녀로서 제몫을 해냈다고 하는데 이제는 해마다 해녀의 숫자가 점점 감소하고 있는 추세이며 남아있는 해녀들 중에서 젊은 여성을 찾는 것은 거의 불가능한 일이다. 젊은 여인들이 고된 해녀를 직업으로 선택한다는 것도 생각하기 힘든 일이지만 해산물의 숫자도 예전처럼 풍부하지 않다는 것도 이유가 될 것이다.

지 않았다고 한다. 이러한 재래 감이 설익은 시기인 5월에서 8월 사이에 채취해서 옷에 물을 들이기 시작한 것이 갈옷이다. 윗도리를 갈적삼, 아랫도리를 갈중이라 부르며 빛깔은 적갈색, 흑갈색으로 처음에는 뻣뻣하나 자주 이용할수록 부드럽고 색감도 자연스러워진다. 비에 젖어도 몸에 잘 달라붙지 않고 땀이 묻지 않으며 때도 덜 타는 특징 때문에 고온다습한 제주지역에는 매우 안성맞춤이다.

서민들의 평상복이자 작업복 역할을 병행했던 갈옷은 뛰어난 우수성이 과학적으로 입증되고 천연염색에 대한 관심이 높아지면서 제주를 찾는 여행자들에게도 인기 있는 제품이 되었으며 옷 뿐 아니라 모자나 가방 등 다양한 소품과 침구류들도 개발되고 있다.

【해녀】 제주 방언으로 '잠녀' 라고도 불

거친 파도와 싸우며 아무런 장비도 없이 15m 이상까지도 잠수한다는 해녀는 제주의 또 다른 상징임에는 틀림없지만 생계를 유지하기 위한 삶의 방식 중에 하나라는 것을 생각한다면 물질하는 그들의 모습에서 잔잔한 삶의 감동을 엿볼 수도 있을 것이다.

【물허벅】 굳이 물이 귀한 제주가 아니어도 예전에는 물을 일일이 길어 날라야 했다. 육지에서는 지게 양쪽에 물통이 달린 물지게를 사용하는 것이 일반적이었지만 제주에서는 물항아리를 등에 지어 날랐다. 물구덕 안에 담긴 물항아리는 입구가 좁고 배가 불룩했는데 이는 물을 흘리지 않기 위한 지혜이다.

상수도가 발달된 후 물허벅은 민속촌이나 박물관에나 전시되는 민속품이 되었지만 물을 운반하기 위한 제주의 독특한 문화를 보여주는 부분이며 관광지 곳곳에 물허벅이 비치되어 있으니 한번쯤 등에 지어 보는 것도 재미있는 추억이 될 것이다.

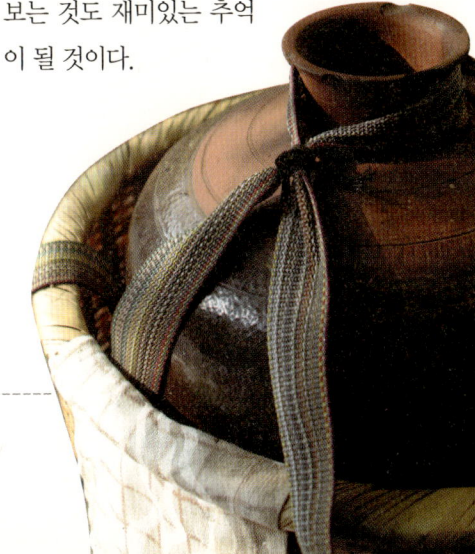

【정낭】 제주에는 대문이 없는 대신 정낭이 있다. 물론 이 정낭은 가축의 출입을 방지하고 집안에 사람이 있는지 없는지를 알리는 역할에 불과했기에 누군가의 출입을 통제하기 위한 일반적인 대문과는 그 성격이 다르다고 할 수 있다.

세 개의 구멍이 뚫린 판을 양쪽에 세우는데 현무암으로 만든 것을 정주석이라 부르며 나무로 만든 것은 정주목이라고 부른다. 이 구멍에 끼워 넣는 기다란 나무를 정낭이라고 부르며 정낭이 걸쳐져 있는 숫자에 따라 그 의미가 다르다. 하나만 걸쳐져 있으면 근처에 주인이 있다는 의미이고 두 개가 걸쳐져 있으면 한참 후에 주인이 돌아오거나 아이들이 근처에서 놀고 있다는 의미이며 세 개 모두가 걸쳐져 있으면 저녁 늦게 집주인이 돌아온다는 의미이다. 결국 집이 비어 있는지 여부를 알려주는 이러한 전통은 도둑이 없는 제주에서나 가능한 풍습이다.

【방사탑】 전통적으로 마을 입구에 세워둔 방사탑은 마을의 액운을 피하고 안녕과 수호를 기원하는 의미에서 육지 지방의 장승이나 솟대와 같은 맥락이라고 볼 수 있다. 하지만 제주에서는 그 기원의 의미가 더욱 다양해서 전염병이나 화재 예방, 해상의 안전과 순산(順産)의 의미까지 있었다고 한다.

　방사탑이란 이름은 포괄적인 의미에서 붙여진 학술적 용어일 뿐이며 전통적으로는 마을에 따라 답, 거욱, 액탑, 까마귀 동산, 걱대, 돌코냉이 등으로 불렸다고 한다. 탑을 쌓을 때는 밑에 밥주걱이나 솥을 함께 묻었다고 하는데 밥주걱은 재물을 마을 안으로 끌어들이라는 의미이고 솥은 뜨거운 불에도 끄떡 없는

솥처럼 어떠한 재난도 이겨내기를 바라는 기원의 의미가 있었다고 한다.

　탑은 보통 좌우로 두 개의 탑을 쌓으며 그 중 하나의 탑 위에는 사람이나 새 모양의 형상을 만들어 올려놓는다. 새는 신의 사자로 '재앙을 쫓는 상징물'인 까마귀를 형상화한 것으로 알려지고 있다.

【돌하르방】 누가 뭐라고 해도 제주를 대표하는 상징물로 돌하르방을 따라갈 만한 것은 없을 것이다. 우석목, 무석목, 벅수머리 등으로 불려지기도 했으며 역시 제주에서 가장 흔한 현무암으로 만들어졌다. 대체적으로 툭 튀어나온 둥그런 눈과 과장된 코, 벙거지형 모자를 쓰고 배 아래도 두 손을 모은 형상을 하고 있다. 조선시대 각 현마다 골고루 분포되어 있던 것으로 보아서 각 도읍의 수호신 및 주술적 역할과 위치 표식 기능을 겸했을 것으로 여겨지고 있다.

　제주의 상징인 만큼 요즘도 돌하르방은 지속적으로 제작되고 있지만 민속학적 가치가 있는 것은 총 47

기이고 이 중 경복궁 내 민속박물관에 2기가 이전되어 있고 제주에는 제주시에 21기, 대정읍에 12기, 표선면과 성읍리에 12기 등 총 45기가 지방민속자료로 지정 보호되고 있다.

【애기구덕】

구덕은 바구니를 일컫는 제주방언으로 애기구덕이란 아기를 잠재우는 요람이다. 얇게 쪼갠 대나무를 직사각형 모양으로 엮어 만들며 보통 3세 이하의 어린아이를 키울 때 사용했으며 내부 중간에 끈을 엮어 그물처럼 만들고 그 위에 요를 깔고 아이를 눕혔다.

일을 하면서도 아이를 봐야 했던 제주 여인들에게 애기구덕은 아주 요긴한 물건이었으며 손으로는 일을 하면서 한쪽 발로 애기구덕을 흔들면서 아이들을 잠재웠고 이동할 때는 애기구덕을 짊어지고 다니기도 했다.

【신구간】

신구간(新舊間)은 제주에만 존재하는 풍습으로 절기 상으로 대한 5일 전부터 입춘 3일 전까지이다. 이 기간에는 옥황상제의 부름을 받고 지상에 내려와 있던 신들이 임기를 마치고 하늘로 돌아가고 다시 새로운 신들이 옥황상제의 임무를 받고 하늘에서 내려온다고 한다. 즉 신구간은 새로운 신과 옛날 신이 임무교대를 위해 잠시 동안 하늘로 돌아감으로서 지상에 신들이 존재하지 않는 공백기간인 것이다. 제주 사람들은 이 기간에 이사를 하거나 집수리를 해야 액운을 막고 탈이 없다고 믿는다.

제주에서 토속적으로 등장하는 신들의 숫자는 이루 헤아릴 수 없을 정도로 많으며 도시화가 되면서 많은 풍습들이 사라져가고 있지만 이 신구간만큼은 지금도 지켜지고 있는 풍습이며 심지어는 새로 건축된 아파트들도 입주시기를 이 기간에 맞출 정도이다.

결국 제주에서는 신구간이 아니면 집이나 방을 구하기도 힘들고 1년 사이에 이사할 사람들이 짧은 기간 안에 집중적으로 이사를 해야 하기 때문에 생기는 부작용도 만만치 않다. 하지만 문명이 발전하면서 어느 사회에서든 나름대로 존재하는 독특한 문화가 사라지고 작은 문화들이 거대한 문화로 편입되어 가는 문화의 획일화 속에서도 이런 문화들이 여전히 존재할 수 있다는 것은 반가운 일이 아닐 수 없다.

제주의 음식

조개류 중의 귀족이라고 할 수 있는 전복은 불로장생을 꿈꾸던 진시황제마저도 애착을 갖고 있었으며 임금에게 진상되던 진상품이기도 했다. 값이 비싼 것이 흠이기는 하지만 체내 흡수율이 높고 영양이 풍부하다.

【전복죽】 조개류 중의 귀족이라고 할 수 있는 전복은 불로장생을 꿈꾸던 진시황제마저도 애착을 갖고 있었으며 임금에게 진상되던 진상품이기도 했다. 값이 비싼 것이 흠이기는 하지만 체내 흡수율이 높고 영양이 풍부하다. 또한 독특한 감칠맛 때문에 제주를 찾는 여행자에게 인기 있는 음식이다. 특히 여름철에 가장 맛이 뛰어나며 육질이 좋아서 회로 먹어도 좋다.

전복죽은 전복을 얇게 썰어 참기름에 살짝 볶은 후 물에 불린 쌀을 넣어 죽을 끓인 것으로 전복에 함유된 글루타민산 때문에 담백하고 고소한 맛이 난다. 특히 제주에서는 대부분 전복내장을 함께 요리하며 이렇게 요리된 전복죽은 내장이 녹으면서 연한 갈색을 띠게 된다.

【성계국】 밤송이처럼 가시가 돋아난 성계를 제주에서는 '구살'이라고 부른다. 그래서 성계국을 구살국이라고 부르기도 하고 미역과 함께 요리된 음식이라 성계미역국이라고 부르기도 한다. 성게는 5월과 6월에 가장 많이 잡히며 제주 앞 바다에 서식하는 성계는 보라성계라고 한다.

껍질 속의 노란 속살은 달콤하고 단백질과 비타민, 철분이 풍부하다. 이 노란 속살을 이용해서 미역국을 끓인 것이 성계국이다. 다시 말해서 미역국을 끓일 때 일반적으로 사용하는 쇠고기 대신 성계를 사용하는 것이다. 쇠고기를 이용한 미역국보다 구수한 맛이 강한 것이 특징이며 제주에서만 맛볼 수 있는 대표적인 음식이다.

【물회】 물회는 육지 일부 지방에서도 먹는 음식이지만 제주의 물회는 자리물회, 해삼물회, 소라물회, 한치물회 등 종류가 다양하다. 해산물의 종류에 따라 조금의 차이는 있지만 대부분 미나리, 배, 오이, 깻잎, 풋고추, 당근 등의 야채를 얇게 썰어서 해산물과 함께 갖은 양념으로 무친 후 시원한 물을 붓고 얼음을 띄운다. 특히 비린내가 나지 않는 자리물회는 제주의 물회를 대표하는 것으로 여름의 별미로 꼽힌다.

【꿩메밀국수】 꿩메밀국수는 겨울에 주로 먹는 음식이며 겨울이 아니면 메뉴판에 있어도 판매하지 않는 식당도 많다. 즉 계절 메뉴인 셈이다. 꿩으로 우려낸 육수에 메밀로 만든 국수를 넣어서 끓인 것으로 닭 육수로 요리한 국수와 맛이 흡사하기도 하다. 꿩은 이밖에도 회나 샤브샤브, 만두국으로 만들어 먹기도 한다.

【옥돔구이】 옥돔은 남중국해, 동중국해, 일본 남부, 한국 남해 등 서부태평양 열대 해역에 분포하는 고급 어종으로 우리 나라에서는 제주 인근 해안에서만 잡히기 때문에 제주가 아니면 맛보기 힘든 생선이다. 제주에서는 '솔라니' 라고도 부르며 겨울철에 잡은 옥돔의 배를 가르고 넓적하게 펴서 반 건조시킨 후 요리를 한다.

　보통의 경우 참기름을 발라 구이를 해 먹지만 죽으로 끓여 먹거나 미역국에 넣기도 하고 물회로 만들어 먹기도 한다. 비리지 않고 담백한 맛이 일품이고 제주에서는 예부터 명절이나 제사 때 제사상에 올리던 귀한 음식이었으며 여행 선물용으로도 인기 있는 제품이다.

【갈치국과 구이】 생선요리는 무엇보다 생선의 신선도가 중요하다고 볼 수 있다. 그런 면에서 제주의 해산물 요리들이 맛이 뛰어난 것은 당연한 일일 것이다. 특히 갈치의 경우는 시장에 나온 것들조차도 반짝이는 은빛이 그대로 살아있을 정도로 신선도가 뛰어나다. 이런 싱싱한 갈치를 잘 손질해서 배추와 늙은 호박, 풋고추를 넣고 끓인 것이 갈치국이다. 제주의 갈치국은 맑게 끓이는 것

이 특징인데 맑은 국물을 보면서 비리지 않을까 염려하는 사람도 많지만 전혀 염려할 필요가 없다. 풍성한 갈치의 맛을 그대로 즐길 수 있고 풋고추를 넣어서 맑으면서도 칼칼한 맛이 일품이다. 제주에서는 빼놓지 말고 먹어봐야 할 요리가 바로 갈치국이다.

이외에도 제주 갈치는 매우 싱싱하고 육질이 좋아서 일반적으로 많이 먹는 구이로도 훌륭하며 회로도 애용되고 있다.

【몸국】　몸은 갈조류에 속하는 모자반을 일컫는 제주 방언으로 봄에는 바다에서 채취한 싱싱한 몸을 그대로 데쳐서 먹기도 한다. 몸국을 쉽게 이해하기 위해서는 진한 돼지 육수로 끓여낸 순대국에 봄에 채취해서 말렸던 몸을 넣은 것이라고 이해하면 된다. 일반적으로 먹는 순대국보다 진하기 때문에 기름기가 많은 것이 특징인데 자칫 느끼해질 수 있는 맛을 중화시키기 위해 몸을 넣는 것이다.

　제주에서는 잔치 때 항상 등장하는 음식이며 몸국을 제대로 맛보기 위해서는 관광객을 상대하는 음식점보다는 시장이나 5일장에서 먹어보는 것이 좋다.

【해산물뚝배기】　제주에는 해산물을 이용한 몇 가지의 뚝배기 요리들이 있다. 언뜻 보기에는 비슷한 것도 같지만 들어가는 주재료에 따라 이름이 달라진다. 소라, 새우, 조개, 오분자기 등 여러 가지 해물을 골고루 넣고 얼큰하게 끓인 뚝배기 요리는 '해물뚝배기' 라고 부르며 다른 해산물은 거의 제외하고 오분자기를 주재료로 끓은 것은 '오분자기뚝배기', 먹음직스러운 커다란 전복을 서너 개를 넣고 끓인 뚝배기 요리는 '전복뚝배기' 라고 부른다.

　해산물의 시원한 맛을 그대로 느낄 수 있는 뚝배기 요리들은 제주를 찾는 여행객들이 가장 많이 찾는 음식이며 그만큼 대중적인 요리이다.

【빙떡】　빙떡이란 이름은 빙빙 말아서
만든 떡이라는 것에서 유례되었다고 한다.
만두도 아니고 전도 아닌 빙떡 역시 제주에
서만 맛볼 수 있는 독특한 토속음식이다.

　만드는 방법은 매우 간단하다. 일단 채 썬
무와 숙주나물을 데친 후 담백하게 양념해
서 빙떡 안에 들어갈 재료를 준비해야 한다.
다음은 메밀가루 반죽을 둥글 납작하게 프
라이팬에 부쳐서 미리 준비한 내용물을 올
린 후 둥글게 말면 된다.

　내용물이 씹히는 맛이 좋으며 식사 대용
은 아니고 간식이나 술안주에 해당하는 음
식이라고 보면 된다.

【토종 흑돼지】　예전에는 화장실 밑
이 바로 돼지우리여서 돼지가 사람의 인분
을 먹고 컸다고 하여 똥돼지라고도 불렀지
만 이제 그렇게 키우는 돼지는 제주에 존재
하지 않는다. 하지만 털이 검은 제주 토종
흑돼지는 여전히 육질의 맛이 뛰어나서 타
지역과 차별화되고 있다. 따라서 삼겹살이
나 돼지불고기 등 제주의 돼지고기 요리가
육지 지방과 요리 방법에서 차이가 있는 것
은 아니지만 고기 자체의 뛰어난 맛 때문에
차별화가 되고 있다고 할 수 있을 것이다.

독특한 제주 사투리

정통 제주 사투리는 타 지역 사람들이 이해한다는 것이 불가능할 정도로 표준말과 비슷한 구석을 찾기가 힘들다.

심지어 할머니 할아버지들이 사용하는 사투리는 제주 젊은이들조차도 이해하기 힘들 정도라고 하니 거의 외국말과 같은 수준이라고 해도 과언이 아닐 것이다. 요즘 젊은이들은 표준말을 많이 사용하지만 그래도 여전히 그들의 생활 속에서 사투리는 존재하고 있다. 개인적인 생각으로는 문화의 다양성이 훼손되는 것을 탐탁지 않게 여기고 있기에 이들의 고유문화로 볼 수 있는 사투리 역시 어떤 방식으로든 잘 보존되기를 바라는 마음이다.

- 혼저 옵서 ➡ 어서 오십시오
- 방 이수꽈? ➡ 방 있습니까?
- 무시거 사쿠광? ➡ 무엇을 사실 겁니까?
- 놀당 갑서 ➡ 놀다가 가세요
- 맨도롱 해수광? ➡ 따뜻합니까?
- 또똣 헌 게 먹기 똑 좋았수다
  ➡ 따뜻한 것이 먹기 딱 좋았습니다
- 맨드롱 홀 때 호로록 들이싸 붑서
  ➡ 따뜻할 때 후루룩 마셔 버리세요
- 제주도 사투리로 말 허난 무신 거엔 고람 신디 모르쿠광? ➡ 제주도 사투리로 말 하니까 뭐라고 말하는지 모르겠지요?
- 게메 마씸. 귀 눈이 왁왁허우다
  ➡ 글쎄 말입니다. 귀와 눈이 캄캄합니다
- 경해도 고만히 생각허멍 들으민 호꼼씩 알아집니다
  ➡ 그래도 가만히 생각하며 들으면 조금씩 알게 됩니다
- 저기 물허벅 정 가는 거 비바리덜 아니꽝? ➡ 저기 물허벅 지고 가는 거 처녀들 아닙니까?
- 맞수다. 비바리도 있고 넹바리도 이수다 ➡ 맞습니다. 처녀도 있고 시집 간 여자도 있습니다
- 몽케지 말앙 혼저 오라게
  ➡ 꾸물대지 말고 어서 오너라
- 조끄뜨레 허기엔 하영먼 이녁
  ➡ 가까이 하기엔 머나먼 당신
- 여기서 서울더레 전화해 집주앙?
  ➡ 여기서 서울에 전화할 수 있나요?
- 폭싹 속았수다 ➡ 매우 수고하셨습니다

제주 드나들기

섬이라는 특성 때문에 제주를 드나드는 교통 수단은 항공이나 선박 둘 중 하나이다. 가장 대중적이고 편리한 교통 수단은 역시 항공편이지만 시간적인 여유가 있다면 여객선을 이용하는 것도 추천할 만하다.

【항공편】 대한항공은 포항, 예천, 양양을 제외한 전국 모든 공항에서 제주와 직접 연결되는 노선을 갖고 있으며 아시아나항공은 인천, 서울, 부산, 청주, 대구, 울산, 포항, 광주 등에서 제주로 직접 취항하고 있다. 그러나 항공 스케줄은 시즌에 따라서 운행 편수와 노선이 조정된다는 것을 염두에 두고 항공사에 직접 문의해야 한다.

대한항공 1588-2001, 아시아나항공 1588-8000

【선박편】 선박편의 단점은 시간일 것이다. 그러나 다행한 것은 11시간 이상 소요되는 제주-부산이나 15시간 가량이 소요되는 제주-인천의 경우 모두 야간에 출발하기 때문에 실제적으로는 시간의 낭비는 없다고 보아도 무방하다. 오히려 잘만 이용하면 항공료보다 매우 싸게 제주를 여행할 수 있는 방법이기도 하며 특히 제주에서 렌터카를 이용하지 않고 자신의 차량을 이용하려는 여행자에게는 선박 이용이 필수다.

제주여객선터미널 064)757-1427, 성산여객선터미널 064)784-9111, 인천여객선터미널 032)888-0116, 부산여객선터미널 051)660-0117, 목표여객선터미널 061)243-0116, 완도여객선터미널 061)552-0116, 여수여객선터미널 061)665-3399, 진도여객선터미널 061)542-4500, 통영여객선터미널 055)643-5111
선박 운항 시간 및 노선과 요금은 사정에 따라 변동될 수 있으니 반드시 직접 문의해야 한다.

【제주 내 이동 수단】 여행을 즐기는 방법은 여러 가지가 있다. 기차, 버스, 승용차, 도보, 자전거 등. 그러나 불행하게도 제주는 그 선택의 폭이 넓지 못하다. 도보나 자전거 여행을 목적으로 한다면 세상 어디든 갈 수 있으니 문제는 없다. 문제는 대중교통이다. 버스는 제주시내에서 이동할 때를 제외하고는 그리 유용하지 못하다. 물론 제주시에서 어떤 한 곳만을 목적지로 간다면 크게 문제는 없다. 그러나 하루에도 몇 곳씩 옮겨다녀야 하는 여

행자에게 제주의 버스 노선은 연결 상태가 그리 좋지 않으며 배차 간격도 제법 길다. 심지어 서귀포시 안에서 움직일 때도 버스가 그리 유용하지 못하다는 것을 깨닫게 된다.

간단하게 예를 들자면 제주시와 서귀포시 어느 곳에서도 그 유명한 산굼부리를 한번에 갈 수 있는 버스는 없다. 그리고 더욱 큰 문제는 산굼부리에서 자신이 원하는 다음 목적지로 한번에 이동할 수 있는가 하는 문제이다. 십중팔구 분명 버스를 두 번 정도는 갈아타야 할 것이다. 그리고 버스 여행의 또 다른 단점은 아름다운 곳에서 멈출 수 없다는 것이다. 설령 마음에 드는 곳에서 하차했다 해도 다시 버스를 타기 위해서는 제법 오랜 시간을 기다려야 할 것이다. 그리고 제주는 버스가 다니지 않는 길에 아름다운 곳이 널려 있다. 혹자는 제주 사람들의 사는 모습을 피부로 느낄 수 있어 좋지 않겠냐고 묻기도 하지만 제주가 오지는 아니다.

자가용 _ 결국 남은 것은 자신의 자가용을 이용하거나 렌터카 혹은 택시를 대절하는 방법이다. 자신의 자가용을 이용할 경우에는 제주에 머물 기간을 염두에 두고 렌터카를 대여하는 비용과 자신의 차량을 배에 승선하는 요금을 잘 비교해야 한다. 제주에 머무는 기간이 길수록 자신의 자가용을 이용하는 것이 유리하며 이 경우 운전자와 일행도 선박을 함께

이용해야 하기 때문에 항공기에 비해서 이동 경비가 크게 절감된다는 것도 장점이다.

택시 대절 _ 택시 대절은 특히 신혼부부들에게 인기 있는 방법이다. 직접 운전을 하지 않기 때문에 피곤함도 없으며 길을 몰라서 헤맬 이유도 없다. 그리고 렌터카를 이용하는 비용에 비해 크게 비싸지도 않으며 대부분의 제주 택시 기사들은 훌륭한 사진 기술을 갖고 있다는 것도 장점이며 이 경우 여행자의 카메라를 이용하면 별도의 추가 요금을 받지 않는다.
TC택시 064)747-4114 www.tctaxi.com

렌터카 _ 제주를 찾는 여행자들이 가장 보편적으로 이용하는 방법이 바로 렌터카다. 렌터카를 이용할 경우에는 미리 예약을 하면 공항에서 차량을 인수받을 수 있으며 반납 역시 공항에서 할 수 있다. 자신의 신용카드나 각종 쿠폰, 예약한 숙소와의 제휴 관계 등을 미리 살펴서 제주 렌터카 할인 혜택이 있는지 알아볼 필요가 있다. 우리 나라에서 렌터카 사업이 가장 활발한 곳인 만큼 의외로 렌터카 할인권이 곳곳에서 발행되고 있기 때문이다.
제주이렌터카 064)713-6000, **제주씽씽렌터카** 064)746-8466, **버젯렌터카** 064)748-2727, **금호렌터카** 064)712-8107, **금호렌터카**(중문 롯데호텔 내) 064)738-8101

선박 운항 시간 및 노선과 요금표

※ ( )안은 성수기 요금입니다.

구분 (항로)	선 명	정원	가는편 출항	가는편 입항	등급별 요금 표						오는편 출항	오는편 입항	전화(내선)	복항지역전화	선사명	운항일정	출항지
					특등실	1등실A (A/B)	1등실B	2등침대 (A/B)	2등객실 (A/B)	3등객실 (A/B)							
부산 (169)	코지아일랜드	678	19:30	6:30	220,000 (241,700)			45,000/ (49,350) 43,000 (47,150)		32,000 (35,050)/ 26,800 (29,350)	19:30	6:30	751-0300 (570)	051-464-2333	(주)카페리코리아나	월,수,금 출항	제주항
	설봉호	464	19:30	6:30	210,000 (230,700)	170,000 (2,3인) (186,700)		50,000/ (54,850) 45,000 (49,350)		34,000 (37,250)	19:00	7:00	751-1901 (510)	051-463-0605	동양고속훼리(주)	화,목,토 출항	
목포 (96)	뉴씨월드고속훼리	1,310	17:30	22:00		80,000 (87,500)	50,100 (55,000)	39,450 (43,250)	24,050 (26,300)	18,550 (20,250)	9:00	13:30	758-4234 (550)	061-243-1927	씨월드고속훼리(주)	월요일 휴항	국 제
	카페리레인보우	642	7:40	12:00		50,100 (55,000)		39,450 (43,250)	24,050 (26,300)	18,550 (20,250)	15:00	19:50			카페리레인보우(주)	월요일 휴항	제주항
목포 (96)	페가서스 (추자/진도/목포)	309	10:40 12:10 13:00			— 제주/추자 : 21,300(23,330) — 제주/진도 : 33,500(36,750) — 제주/목포 : 39,500(43,300) — 추자도서민 : 13,050		— 추자/진도 : 23,500(25,850) — 추자/목포 : 32,000(35,200) — 진도/목포 : 11,600(12,800)		14,850 (16,200)	16:20 15:00 14:00	17:30	721-2171 (520)	061-242-1811	(주)온바다	매일 운항	제주항
완도 (56)	온바다훼리	255	15:00	17:10 19:40		20,500(추) (22,400) 26,000(완) (28,450)		18,500 (20,200) 21,000 (22,950)		14,850 (16,200) 17,000 (18,550)	11:00 8:00	12:40		061-555-0655			
	한일카훼리2	861	8:20	11:20				21,500	16,900		15:30	18:40	751-5050 (530)	061-554-8000	(주)한일고속	일요일 휴항	국제항
	한일카훼리1	474	9:00	12:30					16,900		14:40	18:10				월요일 휴항	제주항
인천 (266)	오 하 마 나	695	19:00	8:00	250,000 (274,800)	165,000 (181,200)	489,000 (1등가족6인) 530,200	60,700 (66,600)	253,900 2등가족(4인) 278,700	46,000 (50,500)	19:00	9:00	721-2173	032-889-7802 스위트룸(2인) 400,000/ 439,800	(주)청해진해운	화,목,토 출항	제주항
여수 (106)	대웅고속훼리	394	17:50	1:00		휴 항		26,950 (29,500)		18,500 (20,200)	8:30	16:30	723-9700 (560)	061-665-3399	(주)남해고속	월,금 출항	제주항
녹동 (70)	남해고속훼리7	866	18:00	21:30		70,000 (46,000)		26,000		18,500 (20,200)	10:00	13:30		061-842-6111	(주)남해고속	월요일 휴항	제주항
통영 (117)	만 다 린	592	16:00	20:00			37,500			34,000	10:00	14:00	784-9111	054-242-5111	(주)미래고속해운	화, 목 후항 하절기 매일 운항	성신포
모슬(미라) (9.8)	삼 영 호	91	8:30 10:00 14:00	9:40 11:50 15:50		※ 모슬/거차 : 3,000 ※ 모슬/마라 : 4,800 ※ 거차/마라 : 2,600							794-3500		(주)삼영해운		모슬포

대한통운오리엔트스타(2호) 758-2790~1   대성해운코지아일랜드 751-2614~5   동양해운청해진고속훼리 751-3235

1. 중·고생10% 2. 20인이상 단체중·고생 30%, 일반인10% 3. 1~3급 장애인(50%)(급3인보호자 1인 포함), 4~6급20%, 4. 만65세이상 노인20% 5. 소아50%

여객선 운항 안내 ARS (064) 757-0117

제주 도로별 특성

가끔 승용차를 이용하는 여행자들이 지도를 들고 도로에서 헤매는 경우가 있다. 물론 이정표가 부실한 이유도 있겠지만 대표적인 도로들의 루트와 특성을 한번씩만 미리 살펴보면 이러한 문제는 쉽게 해결될 수 있을 것이다.

【일주도로(12번 도로)】 제주 외각을 따라 형성된 도로이며 이 도로를 따라 달리면 제주를 한바퀴 돌게 된다. 어쩌면 여행자가 가장 많이 이용하게 되는 도로일수도 있다. 대부분 4차선으로 확장되었지만 확장 공사가 진행 중인 곳도 있다. 곳곳에 과속단속 무인카메라가 많으며 신호등도 많다.

【중산간도로(16번 도로)】 제주를 한바퀴 돌게 되어 있지만 중산간 도로인 만큼 전체적으로 시야가 좋지 않으며 대부분 왕복2차선으로 이루어져 있고 굴곡이 심하다. 중산간 마을 곳곳을 지나야 하지만 길을 잘 아는 제주 사람들은 신호가 많이 없다는 이유로 12번 도로보다 이 도로를 선호하는 경우도 있다.

【제1횡단도로(5·16도로)】 제주시와 서귀포시를 가장 빠르게 연결하는 도로가 제1횡단도로이다. 고도가 높은 한라산 국립공원을 지나야 하기 때문에 계절에 따라서는 이 도로를 넘으며 몇 가지의 날씨를 경험하게 되는 경우도 있다. 눈이 내리면 통행이 통제되기도 한다. 왕복2차선이며 일부 구간은 굴곡이 매우 심해서 조심 운전을 해야 한다.

【제2횡단도로(1100도로)】 중문관광단지와 제주시를 가장 가깝게 연결하는 도로였지만 요즘은 고속화 도로인 서부관광도를 이용하는 사람들이 더 많다. 제1횡단도로에 비해서 굴곡은 덜한 편이지만 역시 내리막에서는 주의가 필요하다. 1100고지에는 휴게소가 있으며 운이 좋다면 노루를 관찰할 수도 있다. 제1횡단도로처럼 눈이 내리면 통행이 통제되기도 한다.

【서부관광도로(95번 도로)】

고속도로라고 보아도 무방할 정도로 잘 정비된 도로이며 제주시에서 중문관광단지를 가장 빠르게 연결하는 도로이다. 공항에서 출발하는 리무진 버스도 이 도로를 이용해 중문관광단지를 거쳐 서귀포시까지 운행한다.

【동부관광도로(97번 도로)】

제주시에서 표선까지 연결하는 이 도로는 서부관광도로만큼 이용자가 많지는 않다. 아직 확장공사가 진행 중이기도 하지만 중문과 표선만 상대적으로 비교해볼 때 중문에 숙소를 정하는 여행자가 많다는 것도 이유가 될 것이다.

【제1산록도로(1117번 도로, 제1한라관광도로)】

서부관광도로에서 제1횡단도로를 가로로 연결하는 이 도로는 다른 도로에 비해 차량 통행량이 적지만 한번쯤 달려 볼만한 도로이다. 특히 야간에는 어느 지점에선가 바라보게 되는 제주시의 모습이 멋지다.

【제2산록도로(1115번 도로)】

차량 통행이 많지 않지만 가장 아름다운 도로 중에 하나이다. 무엇보다 한쪽으로 펼쳐진 제주 남쪽 바다를 바라보며 달릴 수 있다는 것이 큰 매력이며 고지대에 만들어진 도로라 탁 트인 시야가 일품이다. 일정 중에 이 도로를 이용할 일이 없다면 조금 돌아가더라도 이 도로를 이용해볼 것을 권한다. 특히 해가 질 무렵 동쪽에서 서쪽으로 달려보기 바란다. 운이 좋다면 세상에서 가장 아름다운 노을을 볼 수 있을지도 모른다.

【남조로(1118번 도로)】

무척 아름다운 도로이다. 남조로의 매력이라면 무엇보다 제주의 오름과 평원을 감상할 수 있다는 것이다. 일부 구간은 도로의 오르막과 내리막이 만들어내는 멋진 라인을 감상할 수도 있다.

【해안도로】

12번 일주도로를 달리다 보면 중간 중간에 해안도로로 들어가는 이정표가 보인다. 해안도로는 어촌은 물론이고 바다를 가장 가까이 감상할 수 있는 도로이다. 해안도로의 끝은 다시 12번 일주도로와 만나기 때문에 되돌아 나올 필요는 없다. 잘 닦여진 일주도로에 비하면 돌아가는 길이지만 제주에서 해안도로를 달려보지 않는 것처럼 무모한 일도 없을 것이다. 그렇다고 제주의 모든 해안도로를 달려볼 필요까지는 없지만 적어도 세네 개 정도는 달려보기를 권한다.

일주도로(12번 도로)
중산간도로(16번 도로)
제1횡단도로(5·16 도로)
제2횡단도로(1110번 도로)
서부관광도로(95번 도로)
동부관광도로(97번 도로)
제1산록도로(1117번 도로)
제2산록도로(1115번 도로)
남조로(1118번 도로)
해안도로

제주시
용두암
이호해수욕장
제주국제공항   제주항교
제주교육
오현단
하귀~애월해안도로   이호검문소   도두
애월   구엄리   동귀리   외도2동   노형동
고내리 신엄리   중엄리   하귀리   외도동   연동
곽지해수욕장   상가리   장전리   고성리   제주한라대학   제주한라대학
한림   귀덕리   곽지리   남읍리   무수천휴게소   한라수목원
수원리   봉성리   항몽유적지   광령리   방선문
비양도   현재해수욕장   신흥리   신천지미술관   신비의 도로
한라공원   옹포리   상대리   애월읍   제1산록도로
월령리   금릉   동명리   한림읍   1117
금능석굴원   명월리   95   어리목휴게소   관음사
판포리   월림리   중산간도로   서부관광도로   어리목 코스
두모리   16   금악리   새별오름   한라
신창리   조수리   99
신창~용수해안도로   용당리   제2횡단도로   서귀포자연휴양림
용수리   저지리   돈내코
수월봉 차귀도   분재예술원   설록차뮤지엄 오˚설록
차귀도   외도   동광검문소
고산   고산리   소인국테마파크   동광리
12   붉은옷허브팜   서광사거리   서광서리   탐라대학교   1115
일주도로   한경면   1116   제2산록도로   서귀포시
신도리   신평리   안덕면   감산리   창천   하원동   서호동
평지동   보성리   추사적거지   탐라   회수리
초콜릿박물관   신창~용수해안도로   덕수리   제주조각공원   여미지   동흥동
무릉리   대정읍   산방산   안덕계곡   LPG   아구 명예의 전당   서귀포시청
화순리   대평리   테디베어박물관 천재연폭포   중문해수욕장   제주 월드컵경기장   천지
가파도   대정   오슬포 포구   용머리해안   화순해수욕장   피서픽랜드   억천사   강정동   법환동   패류화석지대
산이수동   사계해안도로   논짓물 갯깍주상절리대   해저, 해상관광   새섬
마라도   하모해수욕장   형제섬   대정읍   중문 대포해안주상절리대   외돌개   정방
마라도   송악산   범섬   문섬

제, 탑동공원
삼양해수욕장
사라봉공원
성널
제주민속박물관
국립제주박물관
도민속자연사박물관
제주민속관광타운

16
중산간도로

제주대학교
검문소
제주산업정보대학

제주절물자연휴양림

성판악 코스

11
제1횡단도로

공원

유원지

LPG 쉬소깍
문화의 거리
목동

섶섬

함덕해수욕장 함덕
김녕배수욕장 김녕
조천 신동리
화북동 양동 북촌리 동복리 월정리 행원리
12 선촌리 김녕미로공원 한동리 세화
일주도로 삼양검문소 만장굴 평대리
봉개동 대흘리 조천읍 선흘리 구좌읍 하도리 난도
용강동 와산리 상도리
검문소 비자림 종달리 우도
명도암관광휴양목장 우도
97 다랑쉬오름 용눈이오름
동부관광도로 대천동 손자봉 성산읍 오조리 성산
소인국미니월드 1112 아부오름 동거문오름 수산리 고성리 동남 성산일출봉
산굼부리 16 신양리
중산간도로 섭지코지
성판악휴게소 혼인지 LPG 신양해수욕장
청정항공관 1119 온평리 신산리-섭지코지해안도로
1118 따라비오름 성읍민속마을 난산리
남조로 성읍리 일출랜드 미천굴 신산리
가시리 삼달리 12
신풍리 일주도로
남원읍 수망리 김영갑갤러리 신천리
한남리 신흥리 하천리 표선면
16 의귀리 토산리 표선해수욕장
중산간도로 제주민속촌박물관
신예리 태흥리 표선
위미리 하례리
LPG 신영영화박물관
큰엉해안경승지 남원

세화-종달리해안도로

N
E   W
S

제주 명소 베스트 3

좋은 여행지라는 기준과 선택은 지극히 주관적인 것이다. 그럼에도 불구하고 이곳에서 해수욕장과 오름, 절경을 구분하여 각각 세 곳씩을 추천한 이유는 부족한 시간 속에서 가장 아름다운 곳을 방문하고 싶은 여행자를 위해서다.

【협재해수욕장】 제주의 해변을 대표하는 곳이라고 해도 과언이 아닌 곳이다. 사시사철 아름다운 옥빛과 쪽빛 바다는 여행자의 눈을 황홀하게 만든다. 백사장 또한 눈이 부실 정도로 맑으며 해변에서 바라다 보이는 비양도도 단조로운 수평선을 아름답게 만드는 요소이다. 또한 백사장 양쪽 끝으로 깔린 갯바위들과 그 위에 기생하는 녹조류들도 매우 매력적이며 여행자들이 가장 선호하는 해변 중에 하나이다.

【중문해수욕장】약한 각도의 타원형을 이루고 있으며 백사장 뒷편이 언덕을 이루고 있어 무척 아늑한 분위기를 갖고 있는 곳이다. 수질은 전국 최고를 자랑하며 주변에 특급호텔들이 몰려 있을 정도로 아름다운 곳이다. 특히 신라호텔 정원에 위치한 '쉬리의 언덕'에서 바라보는 중문해수욕장은 환상 그 자체이다.

【함덕해수욕장】동쪽 해안의 자존심이라고 할 수 있는 해수욕장이다. 언덕을 이루는 소나무 숲을 기준으로 백사장이 양쪽으로 나뉘어 있으며 제주에서 가장 많은 피서 인파가 모이는 곳 중에 하나이다. 특히 야간에 바다 한가운데서 조업하는 선박들이 내뿜는 불빛들이 아름다우며 파도가 높지 않고 수심이 깊지 않아 가족 동반 여행객들에게 적합하다.

【새별오름】 가볼 만한 제주의 오름들이 대부분 동쪽에 밀집되어 있는 것에 비하면 서쪽에서 위치한 새별오름은 숨은 진주라고 할 수 있을 것이다. 정월대보름에 말라버린 갈색 억새풀을 불태우는 '들불축제'가 열리는 곳이기도 하며 정상에서 바라보는 평원의 모습이 무척 인상적이다.

【아부오름】 대부분의 오름 형태는 그릇을 엎어놓은 것처럼 둥그런 언덕 모양이 일반적이지만 아부오름은 중앙이 넓게 파여 있으며 특히 그 안에 원형으로 심은 삼나무 울타리가 무척 매력적이다. 영화 '이재수의 난'을 통해서 더욱 유명해졌지만 사유지이기 때문에 방문에 어려움이 있다는 단점이 있다.

【다랑쉬오름】 오름들이란 그 오름에 올랐을 때에 비로소 아름다움을 발견하게 되기 마련이다. 하지만 다랑쉬오름은 오르지 않고 바라만 봐도 빼어난 곡선미에 시선을 빼앗기게 된다. 특히 정상의 화구는 아래서도 보일 정도로 비스듬하게 형성되어 있어 다랑쉬오름의 아름다움을 한층 고조시킨다.

【섭지코지】 최근 드라마 '올인' 의 촬영지로 알려지면서 더욱 많은 관광객이 찾고 있는 곳이기는 하지만 예전부터 제주를 아꼈던 많은 여행자들로부터 사랑을 받았던 곳이다. 해안의 기암절벽과 드넓은 초원이 어우러져 있으며 옥빛과 검푸른 바다가 잘 조합된 곳이다. 특히 봄에는 들판에 유채꽃이 가득 피어나 장관을 이루며 이곳에서 바라보는 바다 건너 성산일출봉의 모습도 일품이다.

【성산일출봉】 영주10경 중에 제1경으로 꼽히는 성산일출봉은 바다 한가운데서 수중폭발한 화구이다. 여건이 허락한다면 새벽에 올라가 이곳에서 일출을 맞이하는 것이 좋겠지만 일출봉 자체만으로도 충분히 아름답기 때문에 낮 시간에 올라보는 것만으로도 감탄을 자아낸다. 정상의 화구는 넓은 분지를 이루고 있어 초원을 연상시키며 이곳에서 바라보는 바다와 해안마을의 모습이 인상적이다.

【설록차뮤지엄 오'설록】 여행지에 대한 평가는 기후와 계절, 여행자의 취향과 당일의 컨디션 등에 따라 매우 주관적인 기준에 의해서 결정된다. 베스트 절경에 이곳을 포함한 이유는 내륙지역에서 차밭을 한번도 방문해본 적이 없는 여행자를 위해서이다. 개인적으로는 차밭을 세상에 존재하는 수많은 종류의 밭 중에서 가장 아름다운 밭이라고 생각하고 있다.

제주도 지역 정보

제주시

【마니주펜션】
10평형, 20평형, 25평형, 45평형의 객실을 갖추고 있으며 바다를 향한 객실은 조망이 매우 훌륭하여 예약을 하지 않으면 얻기가 힘들다. 한라산을 향한 객실도 비록 바다는 볼 수 없지만 주변 전원풍경이 아름다운 편이다. 시설과 위치 등이 매우 훌륭하지만 10평형과 20평형은 공동주방을 이용해야 한다는 단점이 있다.

요금 _ 비수기 70,000원~230,000원
　　　성수기 100,000원~300,000원
전화 _ 064)711-6141
주소 _ 제주시 도두1동 1688-9　www.pensionmaniju.co.kr

【노벨리조트】
12평형과 23평형으로 나뉘어 있으며 13평형은 원룸, 23평형은 방 1개가 포함되어 있다. 용두암에서 이호해수욕장으로 이어지는 해안도로의 끝자락에 있어 매우 조용하고 운치 있는 곳이다. 모든 객실은 바다를 향해있으며 13평형은 2인 기준, 23평형은 6인 기준 요금이다.

요금 _ 비수기 80,000원~100,000원
　　　성수기 130,000원~170,000원
전화 _ 064)713-6181~2
주소 _ 제주시 이호1동 325　www.novelresort.co.kr

【용담민박】
10년 가까이 가정집에서 운영하는 민박집으로 제주 민박 역사와 함께 한 곳이라고 해도 과언이 아닌 곳이다. 훌륭한 펜션이 넘쳐나고 있지만 저렴한 경비로 제주를 여행하려는 여행자들에게는 부담스런 것이 사실이다. 알뜰 여행자에게 적극 추천할 만한 곳이며 용두암 인근에 있어 시내 중심지도 가깝고 가정집 민박 중에서는 주거 공간도 비교적 분리되어 있는 편이다.

요금 _ 20,000원(비수기 성수기 동일)
전화 _ 064)742-4628
주소 _ 제주시 용담2동 359-33

【도라지식당】 1977년부터 영업을 시작한 이곳은 28년 째 같은 자리에서 손님을 맞이하고 있는 곳이다. 각종 생선구 이와 시원한 물회를 맛볼 수 있는 곳으로 제주에서 원조를 자 랑하고 있기도 하다. 위치는 제주시청 별관 앞 골목이며 규모 는 작아도 시설은 깔끔하고 음식은 맛깔스러워 관광객은 물론 제주시민에게도 잘 알려진 곳이다.

구분 _ 향토음식
전화 _ 064)722-3142
주소 _ 제주시 이도2동 1176-40   www.jejudoraji.com

【초이색】 전복죽과 조개죽 두 가지만은 최고의 맛을 자 랑하겠다는 의미에서 '이색(二色)'이라는 상호가 정해졌으며 그 앞에 '초(初)'가 붙은 것은 초심을 잃지 않겠다는 의미라고 한다. 바다가 눈앞에 펼쳐진 훌륭한 조망과 세련된 인테리어, 고급스런 서비스가 음식 맛 못지 않게 훌륭하며 가족 여행자 를 위해 어린이 놀이방까지 갖추고 있다. 죽 요리뿐 아니라 해 물전골도 손님이 많이 찾는 요리다.

구분 _ 향토음식
전화 _ 064)743-8080
주소 _ 제주시 용담3동 1032

【목장원】 신제주 뉴월드벨리 뒷편에 위치한 이곳은 외지 인에게는 익숙하지 않은 말고기 요리를 맛볼 수 있는 곳이다. 조리 방법도 샤브샤브, 철판구이, 숯불구이 등으로 다양하며 특히 구절판, 육회, 말만두 등을 함께 맛볼 수 있는 코스 요리 를 추천할 만하다. 말(馬)의 고장 제주에 여행을 왔다면 한번 쯤 말고기를 먹어보는 것도 여행을 좀더 풍요롭게 하는 방법 이 아닐까?

구분 _ 말고기요리
전화 _ 064)748-9233
주소 _ 제주시 노형동 920-16   www.mokjangwon.com

삼성혈

–개벽신화의 발상지

삼성혈은 제주 개벽신화의 발상지이다. 탐라를 창시했다는 삼신인(三神人)인 고을나(高乙那), 양을나(良乙那), 부을나(夫乙那)가 삼성혈의 세 구멍에서 태어났다고 전해지기 때문이다. 이곳에서 태어난 삼신인은 수렵생활을 하다가 소와 말과 오곡의 종자를 가지고 온 벽랑국 세 공주를 맞이하면서부터 농경생활이 시작되었으며 이후 탐라왕국으로 발전하였다고 전한다.

지금도 품(品)자 모양의 세 개의 지혈에는 눈이 쌓이거나 물이 고이는 일이 없으며 주위에 오래된 고목들도 경배하듯 땅을 향해 낮게 가지를 숙이고 있다. 조선 중종 21년(1526) 목사 이수동이 처음 표단과 홍문을 세우고 담을 쌓아 춘추봉제를 하기 시작한 이래 역대 목사에 의하여 성역화 사업이 이루어졌고 현재에도 매년 춘추제 및 건시대제를 지내고 있다.

전시관에서는 삼성혈 신화를 이해하기 쉽게 애니메이션으로 제작해 상영하고 있으며 고문헌과 각종 모형을 통해 제주 역사를 보여주고 있다. 몇몇 부속 건물들과 전시관, 삼성혈을 연결하는 산책로를 걸을 때는 도심 속에서 맛보기 어려운 한가로움과 여유를 느끼게 된다.

여행메모

교통안내 제주 공항에서 택시로 10분 거리
제주 KAL 호텔에서 도보로 3분 거리
입 장 료 성인 2,500원
청소년 및 군인 1,700원
어린이 및 경로 1,000원
장애인 및 국가 유공자 무료
관람시간 하절기(6월~8월) 08:00~19:00
동절기(9월~5월) 08:00~18:00
문의전화 064)752-2788

제주도민속자연사박물관

−제주민속문화의 집대성

제주도민속자연사박물관은 전통적인 제주인의 일상 문화와 지질학적인 제주도의 형성과정과 해양생물은 물론 각종 동식물의 자료들을 체계적으로 전시하고 있는 곳이다. 전시 공간은 자연사전시실, 제1민속전시실, 제2민속전시실, 야외전시장 등 총 네 개 구역으로 나뉘어져 있다.

자연사전시실 _ 관람 순서는 박물관 입구에서 좌측으로 돌게 되어 있으며 가장 먼저 자연사 전시실을 만나게 된다. 이곳은 제주 자연과 관련된 화산암, 화석, 해양생물, 식물, 곤충, 조류 등의 표본이 전시되어 있어 제주의 자연을 한눈에 볼 수 있는 전시실이다.

제1민속전시실 _ 제1민속전시실은 제주인의 출생에서부터 성장 과정과 죽음에 이르는 모든 통과의례를 상세하게 이해할 수 있도록 꾸며진 공간이다. 전체적으로 이들의 통과의례는 육지 지방보다는 검소한 것이 특징이며 바다를 접하고 있는 지역 특성인 무속에 관한 전시도 포함되어 있다. 제주의 생활문화에 관심이 있는 사람들에게 매우 유용한 공간이다.

제2민속전시실 _ 이곳에서는 제주인의 생업과 관련된 모습을 자세히 전시하고 있다. 어업과 관련된 전시물이 가장 많으며 그 밖에도 목축업과 농경생활에 대한 전시물도 체계적으로 갖추고 있다.

야외전시장 _ 곡식을 도정했던 연자방아를 비롯하여 맷돌, 정주석, 동자석, 망주석 등 돌로 만들어진 농기구와 전통문물을 전시하고 있으며 용암 분출로 생성된 용암수형석 등도 함께 볼 수 있다.

여행메모

교통안내 제주시 일도2동 삼성철 동쪽으로
　　　　 100미터 지점
입 장 료 성인 1,370원
　　　　 청소년 640원
관람시간 하절기(3월~10월) 08:30~18:00
　　　　 동절기(11월~2월) 08:30~17:00
휴 관 일 1월 1일, 설날(음력 1월 1일, 2일)
　　　　 개관기념일(5월 24일)
　　　　 추석(음력 8월 15일, 16일)
　　　　 훈증 소독기간 6일
문의전화 064)722-2465, 753-8771~2

제주교육박물관

—제주교육의 뿌리를 찾아서

1996년에 문을 연 제주교육박물관은 도서류 8,686점, 문서류 2,314점, 기록류 1,995점, 교구류 1,126점, 민구류 2,805점, 복식류 565점, 기타 1,202점 등 총 18,693점의 자료를 소장하고 있으며 이 가운데 1,399점의 자료를 4개의 실내 전시실과 야외 전시장에서 공개하고 있다.

제1전시실 _ 고대로부터 탐라, 고려, 조선을 거쳐 해방 이전까지의 교육 내용을 재현하고 일부 실제 유물들도 함께 전시함으로서 제주 교육의 역사를 한눈에 살펴볼 수 있는 곳이다.

제2전시실 _ '제주교육의 자람'을 주제로 6·25전쟁의 시련기를 넘어 현대에 이르는 교육 자료와 관련 유품들을 전시하고 있다. 제3전시실은 제주교학의 선구자, 근대 학교 교지, 제주 속담과 방언 등 제주 교육의 얼을 되새겨 볼 수 있는 공간으로 꾸며져 있다.

야외전시장 _ 전통 초가 2채와 가구, 생활용구, 제주도 특유의 석조유물 등이 전시되어 있으며 전시장 내부는 전체적으로 미니어처들이 많아서 어린이들이 흥미롭게 관람할 수 있도록 되어 있다.

국립제주박물관

―최고 수준의 박물관

2001년 6월에 개관한 국립제주박물관은 제주에 현존하는 박물관 중에 가장 체계적이면서 최첨단 시설을 갖추고 있는 곳이다. 제주 내에서 출토된 유물들을 전시하고 있기 때문에 전시 내용이 방대하다고 말할 수는 없지만 소장유물 7,230여 점 중 엄선한 1,400여 점이 상설전시실과 기획전시실, 야외전시장을 통해 전시되고 있다.

　제주의 다른 박물관에 비해 시설과 주변 경관이 매우 쾌적한 것은 물론이고 전시 내용이 과학적이라 아이들에게 유익한 박물관이다.

상설전시실은 중앙홀과 6개의 전시실로 구분되어 있다. 우리 나라에서 가장 오래된 고산리 토기와 선사시대의 문화 발달 과정을 보여주고 있으며 곽지리패총, 용담동 분묘유적, 삼별초 관련유물, 탐라 옛 지도 등을 통해 제주의 역사 문화도 함께 살펴 볼 수 있다.

기획전시실에서는 1년에 1~3회 정도 특별전이 열리며 야외전시장에서는 바다와 돌 문화에 대한 유물들이 전시되어 있다.

여행메모
....
교통안내 제주시 서쪽 방향이며 일주도로(12번)
　　　　와 동부관광도로(97번)가 만나는
　　　　사거리에 위치
입 장 료 25세~64세 400원
　　　　19세~24세 200원
　　　　18세 이하 65세 이상 무료
　　　　매주 첫째주 일요일은 무료관람
관람시간 하절기(3월~10월) 09:00~18:00
　　　　(토, 일요일, 공휴일 1시간 연장)
　　　　동절기(11월~2월) 09:00~17:00
휴 관 일 1월 1일과 월요일은 휴관
문의전화 064)720-8000

제주민속박물관

−제주민속문화의 지킴이

민속학자이자 현 박물관장인 진성기씨에 의해 설립 운영되고 있는 제주민속박물관은 1964년에 개관한 오랜 전통을 갖고 있는 곳이다. 몇 차례의 이전 끝에 1979년에 현재의 위치에 자리를 잡았으며 제주 고유의 민속자료 3,000여 점을 전시하고 있다. 전시품은 대부분이 서민용품들이며 의식주 등의 기본 생활용구를 포함해 생업생활용구, 신앙생활용구, 관혼상제용구, 전통놀이기구 등 제주 고유의 생활 문화를 살펴볼 수 있는 것들이다.

진성기관장의 제주민속유물에 대한 열정은 이미 많은 이들에게 알려져 있으며 박물관 입구에는 그의 저서들도 비치되어 있어 가끔은 구입을 권유하기도 하는데 전공자가 아니라면 썩 필요한 도서는 아니라는 생각이 든다. 개인 운영이라는 어려운 여건 때문에 전시품의 관리와 전시방법에서 조금은 열악한 것이 사실이지만 민속문화에 관심 있다면 들러볼 만한 곳이다.

여행메모

교통안내 제주시내에서 일주도로 이용,
함덕해수욕장 방향으로 진행 후
화북주공단지 약 300m 후방

입 장 료 성인 및 청소년 1,000원
어린이 500원
노인 무료

관람시간 08:00~19:00

휴 관 일 1월 1일, 설날, 추석날,
매주 월요일, 임시 공휴일

문의전화 064)755-1976

삼사석 제주시에서 가다보면 제주민속박물관 약 100m 전방 도로변에 삼사석이 보존되어 있다. 탐라의 개벽신화에 등장하는 시조 고, 양, 부가 벽랑국의 세 공주를 배필로 맞이한 후 서로의 터전을 정하

기 위하여 활을 쏘았을 때 그 화살이 꽂혔던 돌멩이를 삼사석이라고 부른다.

오현단, 제주성지

─선인의 숨결을 느낀다

제주성은 원래의 규모와 축성연대는 정확히 밝혀지지 않았으나 1411년(태종11) 정월 제주성을 정비토록 명하였다는 기록이 태종실록에 기록되어 있는 것으로 보아 1411년 이전에 축조되었을 것으로 추측하고 있다.

현재 제주성의 보존상태가 좋지 않은 것은 1925년부터 1928년 사이 제주항을 개발하면서 성벽을 허물어 건입동 앞 바다를 매립하는 골재로 사용하면서 제주성의 옛 자취를 찾아보기 힘들 정도로 크게 훼손되었기 때문이다. 현재는 길이 85.1m, 높이 3.6m~4.3m의 성벽만 남아 있어 세월의 무상함을 느끼게 한다.

오현단은 조선시대에 사화와 당쟁에 휩쓸려 유배되거나 지방 목사 등으로 부임한 충암 김정, 규암 송인수, 동계 정온, 청음 김상헌, 우암 송시열의 오현을 모셔놓은 사당이다. 이들은 민폐를 제거하고 지방 문화 발전에 공헌한 사람들로 추앙받던 인물들이다.

> **여행메모**
> 교통안내 제주성지와 오현단은 같은 위치에 있으며 제주시 중앙로에서 도보로 5분 거리
> 입 장 료 없음
> 관람시간 제한 없음

관덕정, 제주목관아

– 조선시대 제주지방 통치의 중심지

시내 한복판에 위치한
관덕정은 국가지정 보물 제
322호로 지정되어 있으며 제주에
서 가장 오래된 건물 중 하나이다.
세종 30년 안무사 신숙청이 병사
의 훈련과 무예수련장으로 사용
하기 위하여 창건한 곳으로 이후
연무를 지휘하고 사열하는 곳뿐만 아니라 관민이 함께 공사를 의
논하거나 잔치를 베푸는 곳으로 이용되기도 했으며 때로는 죄인을
다스리는 곳으로 쓰이기도 했다.

관덕이라는 이름은 '평소에 마음을 바르게 하고 훌륭한 덕을 닦
는다' 라는 뜻으로 문무의 올바른 정신을 본받기 위한 뜻이라고 하
며 관덕정의 현판은 세종대왕의 셋째 아들인 안평대군의 친필이다.

또한 관덕정 옆에 위치한 제주목관아는 조선시대 제주지방 통
치의 중심지였던 곳으로 지금의 관덕정을 포함하여 주변 일대에
분포해 있었으나 일제강점기 때 집중적으로 훼손되어 관덕정을
빼고는 그 흔적을 찾아볼 수가 없었던 곳이다. 그러나 1991년부터
1998년까지 4차례 발굴조사에서 확인된 초석과 기단석 등을 토대
로 '탐라순력도' 와 '탐라방영총람' 등의 문헌과 관련 학자들의 고
증과 자문을 거쳐 복원되었
다. 특히 복원과정에서 소
요되었던 기와 5만여 장 모
두가 제주시민의 기증으로
이루어졌다고 한다.

여행메모

교통안내 제주 구시가지 중심부 중앙로터리에
서 서쪽(공항방면)으로 100m 지점에
위치

입 장 료 성인 1,500원
청소년 및 군인 800원
어린이 400원, 관덕정은 무료

관람시간 하절기(3월~10월) 09:00~18:00
동절기(11월~2월) 09:00~17:00
관덕정은 연중 공개

문의전화 064)750-7191

제주향교

-제주교육의 모태

제주향교는 선성과 선현의 위패를 봉안하고 제주 지역의 인재를 양성하는 교육기관이었으며 제주도 최초의 학교였다. 조선 태조 2년인 1394년에 설립했으며 여러 차례의 개축과 이전을 거듭하다 순조 27년인 1827년 지금의 자리에 들어섰다. 현재는 대성전, 명륜당, 전사청, 계성사 등이 남아 있으며 계성사에는 공자, 안자, 증자, 자사, 맹자 다섯 성인의 위패가 있다.

여행자들의 발길도 뜸한 곳이라 향교 내부는 무척 조용하다. 잘 다듬어진 잔디와 커다란 장송이 운치를 더하며 대성전 뒤에는 공자의 동상이 서 있다. 현재는 도내 유림의 모임과 사무를 관장하는 곳으로 남아 있다.

여행메모

교통안내 관덕정에서 공항 방면으로 도보로
          5분 거리
입 장 료 없음
문의전화 064)750-7024

방선문

–뛰어난 문필가들의 흔적

방선문은 영주10경의 하나로 기암괴석 등 자연경관이 수려하여 옛 선인들이 풍류를 즐기며 암벽에 한시를 새겨놓아 우리 선인들의 숨결이 간직된 곳이다. 방선문의 또 다른 이름은 '영구'이며 특히 영구춘화(瀛丘春花)라 하여 봄에 암벽 사이로 철쭉이 필 때 이곳 아름다운 절경은 절정을 이룬다고 한다.

계곡 속 터널 모양의 커다란 바위는 신선들이 드나들던 문이라는 전설이 얽혀 있으며 제주에서 선인들의 마애각이 가장 많이 남아 있는 곳이다. 지금의 시각으로 보아서는 암벽에 글씨를 새겨넣는 일은 자연파괴라고 볼 수도 있지만 당대 문필가들의 품격 있는 필체는 주변경관을 해치지 않을 뿐 아니라 방선문을 더욱 아름

답게 만들고 있다. 일부 주인공을 알 수 없는 한시들도 있으나 서체의 품격으로 보아 당대 최고의 학자나 서도가의 솜씨로 학자들은 분석하고 있다.

한 가지 아쉬운 것은 방선문이 외진 곳에 있기 때문에 접근이 어렵다는 것이다. 하지만 이미 알려진 뻔한 관광지를 벗어나 아직은 남들이 잘 찾지 않는 은밀한 곳을 방문하고 싶은 여행자라면 꼭 방문해 보기를 권한다.

여행메모

교통안내 제주시 제주교도소 정문 앞 시멘트 도로를 따라 300m 정도 들어가야 하며 인적이 드물어 산길처럼 느껴진다. 숲길 옆에 작은 이정표가 있으니 주의 깊게 살펴야 한다.

영주10경은 제주에서 가장 아름다운 열 곳을 일컫는 말이다.

- **성산일출**(城山日出)_ 성산 일출봉에서 동해의 해돋이를 바라보는 장관.
- **영실기암**(靈室奇岩)_ 한라산 정상 서남쪽에 깎아지른 듯한 기암절벽의 빼어난 경관.
- **정방하폭**(正房夏瀑)_ 서귀포 앞 바다로 직접 떨어지는 동양 유일의 해안폭포인 정방폭포의 비경.
- **사봉낙조**(紗峰落照)_ 제주시 사라봉에서 바라보는 일몰.
- **귤림추색**(橘林秋色)_ 감귤이 노란색으로 물드는 제주의 가을 풍경.
- **녹담만설**(鹿潭晚雪)_ 한라산 정상에 쌓인 눈이 은빛처럼 하얗게 빛나는 설경.
- **산방굴사**(山房窟寺)_ 바다를 바라보며 우뚝 솟은 산방산의 수려함.
- **고수목마**(古藪牧馬)_ 제주의 광활한 초원지대에서 말과 소가 떼지어 풀을 뜯는 한가로운 모습.
- **산포조어**(山浦釣漁)_ 해가 진 후 멀리 어선들이 만선의 꿈을 키우며 밝힌 불야성을 바라보며 한가로이 낚시대를 드리우는 것.
- **영구춘화**(瀛丘春花)_ 봄이 되면서 방선문 일대에 활짝 핀 철쭉의 아름다움.

사라봉공원

–제주시 일몰의 명소

사라봉은 영주10경에서는 '사봉낙조'라 하여 이곳에서 바라보는 일몰을 제주 10대 아름다움 중에 하나라고 이야기하고 있다. 실제로 해질 무렵 사라봉에 올라보면 휘황찬란한 제주시의 불빛들을 옆으로 하고 바다 속으로 숨어드는 아름다운 노을을 감상할 수 있으며 사라봉 북쪽으로는 제주항이 위치하고 있어 이곳으로 드나드는 선박들의 조명들도 볼 만하다.

현재는 공원으로 조성되어 있어 산책로가 잘 정비되어 있으며 주민들의 산책 장소와 운동 장소로 애용되고 있다. 산책로를 따라 올라가다 보면 독립을 위해 싸웠던 제주 태생 의병들을 기념하기 위한 의병항쟁기념탑과 조선시대 의녀(醫女)로 사업에 성공한 후 1700년대에 극심한 흉년이 들어 도민이 굶어죽게 되자 재산을 털어 이들을 구제하여 나라에서 상을 내렸던 김만덕 할머니를 기념하는 만덕관이 있다.

여행메모

교통안내 제주시내 우당도서관에서 이정표 따라 진입해야 하며 정상까지는 차량이 진입하지 못하므로 걸어서 올라가야 한다. 도보로 30분 정도 소요

입 장 료 없음

문의전화 064)750-7512

용두암
─거친 파도 앞에 솟아오른 용

제주를 상징하는 바다 절경으로 관광객들의 발걸음이
멈추지 않는 곳이다. 용이 한라산의 옥구슬을 훔쳐 달아나다 한라
산 신령의 활에 맞아 몸은 바닷물에 잠기고 머리 부분은 하늘을 향
해 굳어졌다는 전설이 전해지고 있으며 해질 무렵 실루엣으로 보
이는 모습도 일품이며 파란 하늘 밑에서 거친 파도와 맞부딪치는
모습도 절경이다.

　　주변 해안 바위에서는 해녀들이 직접 잡은 싱싱한 해산물을 즉
석에서 팔기도 하며 바로 옆에 이호해수욕장으로 이어지는 해안
도로가 있어 연인들의 드라이브 코스로도 유명하다.
특히 저녁이면 해안도로를 따라 들어선 카페촌이 불야
성을 이루어 낭만과 여유를 즐기기에 안성맞춤이다.

여행메모

교통안내 제주시 시내 용문로타리에서 이정표
　　　　를 따라 바다 방향으로 진입. 해안도
　　　　로 입구에 위치

입 장 료 없음

용연 용두암에서 동쪽으로 200m 지점에 용이 놀던 자리였다고도 하며 비를 몰고 오는
용이 살고 있는 곳이라고도 하는 용연이 있다. 병풍처럼 깎아지른 듯한 절벽이 양쪽
으로 둘러쳐져 있고 물이 맑아 옛 선인들의 뱃놀이 장소로도 유명하였다고 하나 지
금은 많이 오염되어 취병담(翠屛潭)이라고 불렸던 이름이 무색하다.

그러나 7, 8m 높이의 기암절벽과 석벽 위의 울창한 나무들은 여전히 뛰어난 아름다
움을 뽐내고 있으며 절벽 사이를 빠져나간 물은 곧바로 바다로 이어져 더욱 이색적
인 곳이다.

산천단

– 세월을 머금은 솔향기

예부터 2월이면 한라산 백록담에 올라가 산신제를 지냈는데 날씨가 춥고 길이 험해 그때마다 제물을 지고 올라가는 사람들이 얼어죽거나 부상을 당했다고 한다. 이에 1470년 당시 제주 목사에 의해 이곳에 제단을 마련하고 산신제를 지내면서 산천단이라 칭하게 되었다고 한다.

제단 옆에는 천연기념물 제160호로 지정 보호되고 있는 수령 600여 년의 곰솔나무가 여덟 그루나 있어 주변 풍광이 수려하다. 숲 사이에서 불어오는 바람에 묻어 있는 솔향은 가슴까지 맑게 하며 늙었어도 늘 푸르기만 한 소나무를 바라보고 있으면 급하게 걸어왔던 삶의 발걸음에 여유가 생기기도 한다.

물론 산천단이 볼거리가 많은 곳은 아니다. 오래된 노송이 자리한 작은 숲에 불과하다. 하지만 이곳에서 느끼는 여유로움과 평화로움이 만만치 않다.

> **여행메모**
> 교통안내 제주시에서 제1횡단도로(5·16도로)를 이용 서귀포시 방향으로 진행. 제주대학 입구 1km 지난 지점에서 우회전
> 입 장 료 없음

목석원

— 돌과 나무로 꾸며진 최고의 정원

제주의 나무와 돌로 정원을 꾸민 곳이라고 할 수 있는 목석원은 한 개인의 30여 년 노력 끝에 탄생한 곳이다. 전시되어 있는 나무와 돌은 나름대로 색다른 가치를 갖고 있는 것들이며 그 중 한라산 해발 700m 이하에서 자생분포하고 있는 조록나무의 고사목 뿌리는 절묘한 공간미를 형성하고 있는 것으로 그 희귀성과 고유성 때문에 20점이 1972년 제주도 기념물 25호로 지정되었다. 또한 목석원 내 약 3,000여 평이 보호구역으로 지정되어 도의 보호를 받고 있으며 최근 유수한 프랑스 월간 미술잡지에서 크게 보도하여 더욱 주목을 받고 있기도 하다.

다양한 제주의 돌 민속품들을 수집, 전시하여 사라져 가는 제주의 귀한 돌 문화들을 한자리에 모아놓았으며 특히 '갑돌이의 일생'이라는 수목과 수석들로 이루어진 이야기 진행형식의 전시공간은 매우 이채로워 관람자들의 많은 관심을 끌고 있다.

여행메모

교통안내 제주시에서 제1횡단도로(5,16도로)를 타고 서귀포시 방향으로 진행. 제주시청에서 4km 진행 후 우측에 위치

입 장 료 성인 2,000원
청소년 및 군인 1,500원
어린이 1,000원
경로, 유공자, 장애인 50% 할인

관람시간 11월~1월 08:00~17:00
2월~4월 08:00~17:30
5월~8월 08:00~18:30
9월~10월 08:00~18:00

문의전화 064)702-0203

한라수목원

– 제주시민의 휴식처

제주시 남조순오름 서녘 기슭에 자리잡은 한라수 목원은 자생식물 610종, 도외수종 299종 등 총 900여 종의 식물을 보유 전시하고 있는 곳으로 자연학습장과 삼림욕장으로 크게 각광받고 있으며 계절마다 각기 다른 꽃들이 피어나 언제 들려도 흥미롭고 신선하다.

또한 온실은 아열대식물실, 자생식물실, 증식순화실 등으로 나뉘어 약 208종의 식물이 자라고 있으며 우리 나라에서 한 그루만 발견된 초령목과 만년콩 등 희귀식물과 천지연에만 있는 멸종위기의 죽절초를 복원하는 등 멸종위기의 식물을 살려내기 위해 노력하는 새 생명의 현장이기도 하다.

5만평에 달하는 삼림욕장은 총 1.7km의 산책코스로 개발되어 있어 오름 정상까지 올라갔다 내려올 수 있으며 신선한 공기와 싱그러운 나무 숲 속에서 휴식을 취하기에 좋아 관광객보다는 제주도민에게 더욱 사랑을 받고 있다.

- -
한라수목원, 제주절물자연휴양림, 서귀포자연휴양림, 비자림 네 곳 중에 한 곳만 가셔도 됩니다. 비자림과 제주절물자연휴양림을 추천합니다.

여행메모

교통안내 제주시에서 제2횡단도로(1100도로)로 진입. 약 1km 진행 후 이정표 보고 좌회전
입 장 료 없음
관람시간 하절기 09:00~18:00
　　　　　동절기 09:00~17:00
문의전화 064)746-4423

제주절물자연휴양림

– 삼나무 숲에서 즐기는 삼림욕

이곳에 들어서면 가장 먼저 눈에 띄는 것은 산책로를 따라 양옆으로 길게 늘어선 삼나무의 행렬이다. 하늘 높은 줄 모르고 높게 솟아 있는 그 모습은 도심의 모든 찌꺼기를 날려버리기에 충분하다. '건강산책로'로 이름 붙여진 진입로는 자연경관을 헤치지 않도록 바닥에 나무를 깔아놓았으며 옆에는 발바닥 지압 효과를 위해 자갈길을 만들어 맨발로 걷도록 하고 있다.

이곳 수림의 90% 이상은 30~40년 생 삼나무로 이루어져 있어 깨끗하고 맑은 공기가 남다르다. 휴양림 내에는 산책로뿐 아니라 아무리 가물어도 결코 마르지 않는다는 약수터와 잉어들이 노니는 황금연못을 비롯하여 잔디광장, 운동시설, 야영장 등 다양한 시설들이 갖추어져 있어 가족 혹은 연인끼리 편안한 휴식을 즐길 수 있다.

산책로를 따라 500m 정도 올라가면 말발굽형 절물 오름 정상에 도달할 수 있으며 전망대에서는 성산일출봉과 제주시내를 한눈에 내다볼 수 있다. 정상까지는 약 1시간 정도 소요된다.

여행메모

교통안내 제주시에서 동부관광도로(97번도로)로 진입해서 표선 방향으로 진행, 봉개동 사무소를 900m 가량 지난 후 명도암 관광목장 방향으로 우회전. 명도암관 광목장에서 약 3.8km 지난 위치

입 장 료 일반 1,000원
청소년 600원
어린이 300원

주차요금 15인승 이하 2,000원
15인승 이상 3,000원

문의전화 064)750-7587, 721-7421

명도암관광휴양목장

—양떼와 젖소가 노니는 평화로운 목장

제주의 자연을 이용해 최대한 이국적인 분위기
를 연출한 곳이 바로 명도암관광휴양목장이다. 서쪽 조리생이
오름과 명도오름을 배경으로 넓은 초지 위에 꾸며진 부속 건물들
은 네덜란드나 스위스의 초원 위에 찾아온 듯한 착각이 들 정도이
다. 무엇보다 복슬복슬한 양떼들이 초원 위를 한가롭게 거닐며 풀
을 뜯는 모습이나 순하기만 한 젖소의 여유 있는 걸음
걸이는 매우 평화롭고 매력적이다.

　드라마 '사랑'과 'OK목장'의 촬영지기도 했으며 네
덜란드풍 풍차 앞에는 봄이면 노란 유채가 피어나고
가을에는 키 큰 해바라기가 자라나 여행자들의 기념촬
영 장소로도 사랑을 받고 있다.

　부대시설로 가든식당과 스위스풍 통나무 커피하우
스, 유리궁전, 승마장, 방갈로가 운영되고 있어 잠시 들
러 차를 마시거나 식사를 하기에 적합하다. 여건이 허
락한다면 숙식을 해보는 것도 좋을 것이다.

여행메모

교통안내 제주시에서 동부관광도로(97번도로)를
　　　　　타고 표선 방향으로 진행하다 봉개동
　　　　　사무소 1km 지난 지점에서 우회전 후
　　　　　약 2.3km 직진

입 장 료 성인 1,000원 / 청소년 500원
　　　　　어린이 500원
　　　　　(목장 내 가든식당에서 식사할 경우
　　　　　입장료 면제)

문의전화 064)721-2401

신비의 도로

―앗! 차가 언덕 위로 올라간다

신비의도로
神秘道路
Mysterious Road

시　작
Start

둥근 물체를 언덕에서 굴리면 내리막길을 향해 굴러가는 것이 당연한 일일 것이다. 그러나 제주에는 이런 과학적 상식을 비웃는 신비한 도로가 있다. 차량 기어를 중립에 두고 브레이크 페달에서 발을 떼면 차가 언덕 아래로 굴러가는 것이 아니고 언덕 위로 올라가는 곳이 있기 때문이다.

이 도로는 1980년 신혼부부를 태우고 가던 한 택시기사가 사진 촬영을 위해 이곳에서 정차했다가 우연히 발견되었고 그후 그 신비함 때문에 널리 알려져 지금은 제주를 찾는 관광객에게 필수 방문 코스가 되었다.

하지만 오르막으로 보이는 이 길은 실제로 약 3도 정도의 낮은 경사를 이루는 내리막이라고 한다. 결국 주변 경관과 가로수 등을 통해 내리막길이 오르막으로 보이는 착시현상이 발생하는 것이다. 이 도로에는 그 신비한 체험을 위해 늘 서행하는 차량들로 붐비고 있고 차에서 내려 캔을 굴려보거나 물을 쏟아서 언덕 위로 흘러가는 물줄기를 관찰하는 사람들로 가득하다.

제주에서 이런 도로가 발견된 것은 무려 다섯 군데라고 하는데 현재는 두 곳이 일반에게 널리 알려져 있다.

여행메모

교통안내 **제1신비의도로:** 제주시에서 제1횡단도로(1100도로)를 이용 서귀포 방면으로 약 5.5km 지점

제2신비의도로: 제1신비의도로에서 서귀포시 방향으로 약 4km 진행하면 만나게 되는 1117번 도로(제1한라관광도로)를 타고 좌회전한다. 이 도로를 타고 6.5km 정도 진행

문의전화 064)750-7454, 7544

서부두방파제, 탑동공원
-젊은이들의 광장

제주 신시가지에 인접한 이곳에는 해변공연장과 탑동 광장, 서부두와 방파제 그리고 놀이동산이 함께 있어 제주 젊은이들이 많이 찾는 곳이다. 수평선이 보이는 바다를 바라보며 차나 맥주를 마시거나 식사를 할 수 있는 레스토랑도 많아서 한번쯤 들러 볼만하다.

해변공연장은 제주 전통 방사탑 모양을 모티브로 만들어 졌으며 약 3천 명 정도가 관람할 수 있는 노천 객석이 있다. 한 여름에는 크고 작은 행사가 이곳에서 자주 열린다.

> **여행메모**
>
> **교통안내** 제주시내 중앙로에서 바닷가 방향으로 걸어서 3분 정도 소요
> **주변시설** 방파제광장 한쪽에 부족하기는 하지만 작은 놀이기구 공원이 있어 연인들이나 학생들이 많이 찾는다.

이호해수욕장

–도심에서 가장 가까운 해수욕장

제주시에서 서쪽으로 약 8km 떨어져 있는 시내에서 가장 가까운 해수욕장이다. 수질은 다른 해수욕장에 비해 조금 떨어지는 느낌이 있지만 야경이 좋고 무엇보다 시내에서 가깝기 때문에 제주시민이 즐겨 찾는다.

용두암에서 이곳까지 이어지는 해안도로의 경치가 훌륭하며 모래사장 뒤편의 아카시아와 소나무 숲이 운치를 더한다. 주변에 야영에 필요한 시설들이 구비되어 있어 여름에 야영도 가능하다. 제주 젊은이들에게는 해양 레저스포츠 장소로도 각광받는 곳이며 해수욕장과 면한 방파제에서는 손쉽게 낚시를 즐길 수 있다.

> **여행메모**
> **교통안내** 제주시에서 일주도로를 이용 한림 방향으로 약 8km 지점
> **편의시설** 야영장, 주차장, 샤워장 및 탈의장

월대 흐르는 하천이 드문 제주도에서 연중 맑고 풍부한 냇물이 흘러 은어의 산지로 유명했으며 하천 주변의 해송과 팽나무 고목들은 강을 향해 가지를 내리고 있어 아름다운 경관을 이루는 곳이다. 조선시대에는 시문을 즐기는 선비들이 모여 시회를 열거나 연회를 베풀기도 했던 유서 깊은 곳이지만 지금은 관광객마저도 찾지 않는 한적한 곳이다.
애써 찾아가기에는 볼 것이 부족한 느낌이 들지만 근처 이호해수욕장에 들렸다가 한번쯤 찾아가 보는 것도 좋을 것이다.

교통안내 제주시에서 일주도로를 따라 협재 방향으로 약 7km 지점이며 특별한 이정표가 없으므로 외도동 인근에서 길을 물어야 한다.

삼양해수욕장
–해수욕보다 유명한 모래찜질

삼양해수욕장은 해수욕보다는 오히려 모래찜질로 더 유명한 곳이다. 바닷가의 모래는 검은 색을 띠고 있으며 바닷물에 몸을 적신 후 검은 모래를 덮고 30분 정도 누워있으면 적당하다. 신경통과 비만증에 효과가 있다고 하여 한 여름에는 여기저기서 모래를 덮고 누운 사람들도 진풍경을 이루기도 한다. 모래찜질 후에는 모래사장 바로 옆 지하에서 솟아오르는 차가운 용천수에 몸을 헹구면 아주 개운하다.

시내에서 비교적 가까우면서도 해변은 맑고 깨끗하며 시원한 파도소리와 함께 놀러 나온 동네 아이들의 재잘대는 소리를 듣고 있으면 도시의 시름을 모두 잊게 된다.

<table>
<tr><td colspan="2" align="center">여행메모</td></tr>
<tr><td>교통안내</td><td>제주시에서 일주도로를 이용해 성산 방향으로 진행. 시외버스터미널에서는 15분 거리</td></tr>
<tr><td>편의시설</td><td>야영장, 주차장, 샤워장 및 탈의장</td></tr>
</table>

제주민속관광타운
-제주민속공연의 상설무대

제주시내 신산공원 내에 위치한 이곳은 제주 전통예술공연을 관람할 수 있는 거의 유일한 상설 공연장이다. 세계 각국의 전통 무용도 함께 선보이고 있지만 공연 내용은 수시로 바뀌며 비수기에는 공연이 중단되기도 하므로 사전 전화문의는 필수다.

제주의 독특한 민속문화를 현대적 예술로 재구성한 작품이 주를 이루고 있으며 부대시설로 상설 갤러리를 갖추고 있다. 주변에 신산공원이 있어 도심 속에서 여유와 휴식, 문화의 향기를 함께 느낄 수 있는 곳이다.

여행메모

입 장 료 성인 10,000원
　　　　청소년 6,000원
　　　　초등생 5,000원
공연시간 오후4시/ 오후6시
문의전화 064)755-5959, 742-3088

입장료와 관람시간, 공연내용의 변동 가능성이 많으므로 사전에 필히 문의해야 한다.

제주시는 행정구역상으로는 하나로 통합이 되어 있지만 일반적으로는 '신제주' 와 '구제주' 로 나누어 부른다. 실제적으로 신제주와 구제주는 확연하게 구분이 될 정도로 떨어져 있으며 완충지대에는 개발이 되지 않아 도심이 형성되어 있지 않다.

여기가 바로 젊은이들의 거리

제주시내에 머무는 여행자라면 대부분 신제주에 숙소를 구하고 있으며 크고 작은 호텔들도 대부분 신제주에 몰려 있다. 하지만 아직도 제주시민에게는 구제주가 시내 역할을 하고 있으며 도시를 구성하는 부대시설도 구제주에 여전히 편중되어 있는 편이다. 결국 신제주는 여행자를 위한 도시라고 보는 것이 현실적이다.

신제주의 번화가는 그랜드호텔에서 신광사거리 방향으로 형성된 신광로와 나란히 형성된 보행자 위주의 이면도로이며 이곳에는 옷가게는 물론 각종 식당과 카페, 주점 등이 몰려 있다.

구제주는 남문사거리에서 탑동광장으로 이어지는 중앙로 일대와 역시 보행자 위주의 이면도로인 칠성로가 가장 번화한 곳이다. 이곳 역시 각종 브랜드의 의류점들이 몰려 있고 카페와 주점 등이 들어서 있어 젊은이들이 가장 많이 찾는 거리다.

제주시에 머물게 된다면 저녁 시간 젊은이들이 몰려드는 번화가로 나가서 새로운 추억을 만들어 보는 것도 추천할만한 일이다.

어디에서 묵을까?

【바위섬】
콘도형 민박집으로 최신 시설을 갖추고 있으며 위치는 용두암 인근이다. 인터넷을 무료로 사용할 수 있으며 각 객실은 패밀리, 허니문, 커플, 프랜즈란 명칭으로 분류해 여행자의 특성에 맞는 설계를 보이고 있다. 패밀리와 허니문은 제주의 푸른 바다가 한눈에 들어오는 구조이다.

요금 _ 비수기 50,000원~130,000원
　　　 성수기 60,000원~160,000원
전화 _ 064)711-7220~1
주소 _ 제주시 용담2동 481-11
www.bawisum.com

【해다미민박】
용두암에서 이호해수욕장으로 이어지는 해안도로에 위치해 있으며 객실은 모두 원룸형이다. 시설도 양호한 편이며 해안도로에 위치해 있어 전망이 우수하다. 요금은 2인 기준이지만 4명까지 추가 요금을 받지 않으며 5명부터는 1인당 5,000원을 추가요금으로 받는다. 객실은 8평형, 12평형, 15평이 있음.

요금 _ 비수기 60,000원~120,000원
　　　 성수기 70,000원~140,000원
전화 _ 064)711-7900~1
주소 _ 제주시 용담3동 2319-8
www.haedami.co.kr

【양림민박】
연립주택을 연상시키는 구조를 갖고 있으며 시설이 훌륭하다고 할 수는 없지만 가격에 비해 무난한 편이다. 훌륭한 시설은 아니어도 독립된 단독 연립주택 수준의 시설과 중급 숙박비를 원하는 여행자에게 안성맞춤이다. 위치는 용두암과 용연 사이이며 방파제가 매우 가깝다.

요금 _ 비수기 40,000원
　　　 성수기 80,000원
전화 _ 064)742-9051
주소 _ 제주시 용담2동 444-1

【골든비치】
골든비치는 신혼부부들에게도 부족하지 않은 시설과 규모를 갖추고 있는 곳이다. 많은 숙소와 카페들이 몰려있는 용두암과 이호해수욕장 사이의 해안도로에 위치해 있으며 밤에 바라보는 야경의 바다가 아름다운 곳이다. 객실은 12평형과 17평형 두 가지가 있으며 12평형은 원룸이다.

요금 _ 주중 70,000원~100,000원
　　　 주말 80,000원~120,000원
　　　 성수기 1100,000원~150,000원
전화 _ 064)743-8100~2
주소 _ 제주시 용담3동 2342
www.goldenbeach.co.kr

【너영나영】

아담한 삼양해수욕장과 접해 있는 민박집으로서 모든 방에는 바다로 향한 베란다가 있어서 저녁이면 아름다운 노을을 감상할 수 있다. 조용하고 깨끗한 바닷가에서 며칠이고 휴식을 원하는 여행자에게 적합한 곳이며 여름에 해변에서 머물기 원하는 여행자에게도 안성맞춤이다.

요금 _ 비수기 60,000원~120,000원
　　　성수기 80,000원~150,000원
전화 _ 064)751-7665
주소 _ 제주시 삼양1동 1779
www.minback.com

【하나민박】

어촌 가정집에서 운영하는 전통 민박집으로 요금은 성수기와 비수기 구분 없이 저렴하다. 대문을 나서면 바로 이호해수욕장이며 욕실은 실내에 있지만 공용이다. 제주에서 이보다 저렴한 민박은 찾기 힘든 상황이며 해안에서 저렴한 민박을 원하는 알뜰 여행자들에게 적극 추천할 만하다.

요금 _ 20,000원
전화 _ 064)743-5898
주소 _ 제주시 이호1동 1780

【훼밀리성】

삼양해수욕장 동쪽에 분리된 작은 백사장 앞에 위치해 있으며 시즌이 아닌 때는 너무 조용해서 해변을 독차지하는 분위기다. 식사가 가능할 정도로 넓은 베란다가 장점이며 맑은 파도 소리가 바로 귓전에 들릴 정도로 해변과 가깝다. 11평형, 12평형, 35평형을 갖추고 있다.

요금 _ 비수기 60,000원~170,000원
　　　성수기 110,000원~270,000원
전화 _ 064)755-0660
주소 _ 제주시 삼양2동 1967
www.familysung.com

【이호비치】

8평형, 10평형, 15평형, 18평형의 객실을 갖추고 있으며 8평형과 10평형은 원룸이고 15평형과 18평형은 2개의 방이 포함되어 있다. 이호해수욕장과 붙어 있어 해안에 머물고자 하는 여행자에게는 최상의 조건이며 객실마다 마사지 샤워기가 설치되어 있고 취사시설도 인덕션렌지가 설치되어 있어 편리하고 깨끗하다.

요금 _ 주중 70,000원~150,000원
　　　주말 80,000원~200,000원
　　　성수기 120,000원~250,000원
전화 _ 064)712-2575
주소 _ 제주시 이호1동 1786-1
www.ihobeach.com

【오션파크】

객실은 총 15개로 비교적 규모가 큰 편이며 내부시설도 아담하고 깨끗하다. 제주시 도두항 방파제 앞에 위치해 있으며 12평형, 17평형, 25평형으로 나뉘어 있다. 직원들은 조금 무뚝뚝한 편이지만 조용하고 작은 부둣가에 위치해 있는 것이 매력이다.

요금 _ 비수기 80,000원~160,000원
　　　성수기 100,000원~200,000원
전화 _ 064)713-7100
주소 _ 제주시 도두1동 2616
www.jejuoceanpark.co.kr

【부르네민박】

4, 5평형과 8평형의 원룸을 갖춘 곳으로 규모는 비교적 작고 객실도 작은 편이지만 해안도로에 위치한 곳 중에서는 숙박요금이 저렴하다. 2인 정도의 여행자들에게 적합하며 해안에 위치한 곳 중에서 시설이 고급스럽지는 않아도 저렴한 곳을 원하는 여행자에게 안성맞춤이다. 용두암에서 이호해수욕장으로 이어지는 해안도로에 위치해 있다.

요금 _ 비수기 50,000원~80,000원
　　　성수기 90,000원~100,000원
전화 _ 064)711-6223
주소 _ 제주시 용담3동 257

어디
에서
먹을까?

【한백야채쌈밥】 쌈밥전문점으로 메뉴가 돼지고기와 쇠고기 요리로 나뉘어 있어 다양하게 조리된 고기 요리와 신선한 야채를 함께 즐길 수 있는 곳이다. 시설도 매우 깨끗하고 무엇보다 쌈의 주재료인 각종 야채들이 매우 신선하다. 위치는 신제주.

구분 _ 쌈밥전문점
전화 _ 064)742-1231
주소 _ 제주시 연동 292-12

【물항식당】 일반횟집에서는 맛보기 힘든 갈치회, 고등어회를 비롯하여 가오리, 농어, 삼치, 준치 등의 회를 맛볼 수 있는 곳이다. 회를 좋아하는 여행자라면 제주의 싱싱한 갈치회에 대한 유혹을 뿌리치기 힘들 것이다. 제주를 찾는 여행자들에게 이미 널리 알려진 곳으로 각종 생선조림 요리도 훌륭하다.

구분 _ 횟집
전화 _ 064)753-2731
주소 _ 제주시 노형동 917-7

【유리네】 제주를 찾았던 수많은 유명인들이 빠지지 않고 들렀던 곳으로 제주의 향토 음식을 맛볼 수 있는 곳이다. 시설은 허름하지만 손님이 가장 많은 식당 중에 하나임을 생각한다면 일종의 영업적 전략으로 보여진다. 주인과 종업원들에게서 친절을 기대하는 것은 무리이며 음식의 맛은 중상 정도이다. 음식을 즐기는 재미보다 도배된 연예인, 정치인, 스포츠인들의 사인을 구경하는 재미가 있는 곳이다.

구분 _ 향토음식
전화 _ 064)748-0890
주소 _ 제주시 연동 284-9

【삼보식당】 싱싱한 해산물로 우려낸 얼큰하고 개운한 해물뚝배기 요리를 맛볼 수 있는 곳으로 신제주에 위치해 있다. 여행자들 뿐 아니라 제주시민에게도 널리 알려진 곳으로 소박한 인심이 느껴지는 곳이다. 옥돔구이와 자리돔회도 추천할 만한 요리다.

구분 _ 향토음식
전화 _ 064)749-3620
주소 _ 제주시 연동 293-23

【한라식당】 제주시청 별관 앞에 위치해 있으며 규모도 작고 허름한 느낌이 들지만 주민들에게 아름아름 소문난 곳으로 갈치국과 각종 물회로 이름난 곳이다. 특히 구이가 아닌 국으로 맛보는 옥돔국도 새롭고 싱싱한 생선요리들이 일품이다.

구분 _ 향토음식
전화 _ 064)758-8301
주소 _ 제주시 이도2동 1176-116

【신현대식당】 제주시 서부두 수협 앞에 위치한 곳으로 부두에서 매일 출하되는 싱싱한 해물을 이용해 더욱 싱싱하고 훌륭한 재료를 자랑하는 곳이다. 이곳 역시 생선을 이용한 각종 물회와 구이, 조림 등의 다양한 요리를 맛볼 수 있다.

구분 _ 생선요리
전화 _ 064)721-8803
주소 _ 제주시 건입동 1319-19

【보건식당】 성게국, 오분작뚝배기와 각종 물회는 물론 개운하고 구수한 보말국 등을 맛볼 수 있는 곳으로 제주시 구 보건소 앞에 위치해 있다. 보말은 성산에서 채취한 싱싱한 보말만을 이용한다고 한다.

구분 _ 향토음식
전화 _ 064)753-9521
주소 _ 제주시 이도2동 1148-4

【뉘메르】 용두암에서 이호해수욕장으로 이어지는 해안도로에 위치해 있으며 일반적인 레스토랑에서 맛볼 수 있는 요리뿐 아니라 전복죽과 어린이를 동반한 가족을 위해 퓨전 요리들도 선보이고 있다. 특히 신선한 해산물을 이용한 볶음밥은 간단한 식사로 추천할 만하며 저녁 시간에는 식사를 즐기며 일몰을 감상할 수도 있다.

구분 _ 레스토랑
전화 _ 064)712-2292
주소 _ 제주시 용담3동 2292

【산지물식당】 각종 생선을 이용한 구이와 물회, 조림 등을 맛볼 수 있는 곳으로 횟집이나 향토요리 전문점이라기보다는 생선요리 전문점이라고 할 수 있다. 다시 말해서 생선을 이용한 모든 요리가 준비된 곳이라고 생각하면 된다. 싱싱한 생선을 사용하는 것이 맛의 비결이며 자연산을 전문으로 하고 있다.

구분 _ 생선요리
전화 _ 064)753-5599
주소 _ 제주시 건입동 1388-1

【콘서트】 저녁 8시부터 1년 365일 라이브 콘서트가 열리는 곳으로 용두암에서 이호해수욕장으로 이어지는 해안도로에 위치한 업소 중에 명소로 통하는 곳이다. 전망은 물론이고 바닷가재 요리와 각종 스테이크가 매우 훌륭하다. 음료와 주류도 판매하고 있다.

구분 _ 레스토랑
전화 _ 064)743-5665
주소 _ 제주시 용담3동 2362

서귀포시

【청재설헌】 노출 콘크리트로 설계되어 현대적이면서도 세련된 느낌을 주는 이곳은 매우 품격 있는 펜션이다. 객실은 한실과 양실로 구분되어 있으며 빛이 잘 들어 매우 쾌적하고 아늑하다. 넓은 농장과 정원이 함께 자리하고 있어 더욱 운치 있으며 신혼여행객에게도 전혀 손색없는 숙소이다. 기본적으로 제공되는 아침 식사는 뛰어난 요리솜씨를 갖고 있는 안주인이 직접 준비하며 예약은 필수다.

요금 _ 80,000원~120,000원(비수기 주중에는 10% 할인)
전화 _ 064)732-2020
주소 _ 서귀포시 토평동 3045번지 www.bnbhouse.com

【제주휴펜션】 최근에 오픈한 곳으로 시설이 깨끗하고 조용한 편이다. 평수가 다양한 모든 객실은 침실과 거실이 분리되어 있으며 아침에는 커피와 토스트가 무료로 서비스된다. 농장이 딸려 있어 겨울철에는 무료 감귤농장 체험이 가능하며 신혼여행객에게는 샴페인과 케이크가 무료로 제공된다.

요금 _ 비수기 주중 100,000원~180,000원
　　　 비수기 주말 120,000원~200,000원
　　　 성수기 130,000원~300,000원
전화 _ 064)738-6010
주소 _ 서귀포시 하원동 1378-1 www.jejuhue.com

【산타하우스】 훌륭한 펜션이 넘쳐나는 상황에서 이곳 시설이 좋은 편이라고 할 수는 없다. 그러나 시설은 조금 떨어지더라도 저렴한 숙소를 원하는 알뜰 여행자에게 적극 추천할 수 있는 숙소이다. 여러 명이 함께 떠나는 여행자들에게 매우 유리하며 아담하고 정감 어린 정원에서 바비큐파티도 가능하다.

요금 _ 2인1실 20,000원/방2칸 50,000원
　　　 방3칸 60,000원/방4칸 100,000원
전화 _ 064)738-3411
주소 _ 서귀포시 대포동 741-5

【진주식당】 서귀포를 찾는 여행자들이 빼놓지 않고 찾을 정도로 매우 붐비는 곳으로 관광식당화가 되었다는 느낌을 지울 수는 없지만 여전히 인기가 높다. 전복뚝배기와 갈치국, 성게국 등 다양한 토속음식이 준비되어 있으며 정성껏 직접 담근 각종 젓갈류도 구입이 가능하다.

구분 _ 토속음식점
전화 _ 064)762-5158
주소 _ 서귀포시 서귀동 314-7

【해궁미락】 깔끔한 시설을 갖추고 있으며 싱싱한 활어회 이외에도 성게국과 옥돔구이, 갈치구이 등 식사도 즐길 수 있으며 회를 주문할 경우에는 일반적으로 서비스되는 전복죽 대신 전복 내장으로 볶은 전복밥이 별미로 서비스된다.

구분 _ 횟집
전화 _ 064)732-5577
주소 _ 서귀포시 서귀동 23-4   www.haigung.co.kr

【연딘무르】 여행하는 사람들에 의해서 맛있는 집으로 선정되었던 곳으로 정성 가득한 음식을 선보이는 토속음식점이다. 넓은 대청마루가 설치되어 있어 상쾌한 공간에서 식사도 가능하며 차량이 항시 대기하고 있어 편하게 이동이 가능하다.

구분 _ 토속음식점
전화 _ 064)738-3130
주소 _ 서귀포시 색달동 2505-2

여미지

—동양 최대의 식물나라

세계 진귀한 식물들의 보고이며 남국의 향취가 깊게 베어있는 여미지식물원은 서귀포를 대표하는 관광지 중에 하나이다. 공중에 뿌리를 내리는 판다누스, 독특한 꽃 모양을 자랑하는 '구근베고니아' 등을 볼 수 있는 화접원, 계단식 폭포로 조성되어 있는 수생식물원, 건조한 사막 기후에 적응하며 살고 있는 선인장이 전시된 다육식물원, 열대정글의 생태를 재현해 놓은 열대생태원, 바나나와 망고, 리치, 파파야 등 40여 종의 진귀한 열대 과일나무가 자라고 있는 열대과수원 등 5개의 테마로 구성된 온실식물원에서는 다양하고 아름다운 열대 및 아열대 식물들이 자라고 있다. 온실 중앙에 설치된 전망타워에 올라가면 중문관광단지 일대와 한라산을 한눈에 조망할 수 있고 날씨가 좋으면 멀리 최남단 마라도까지도 관찰할 수 있다.

옥외식물원은 3만 4천여 평의 대지에 800여 종의 난대 및 온대 식물이 한국, 일본, 이태리, 프랑스 등 각국의 민속정원을 바탕으로 꾸며져 있으며 지구 환경보존의 일환으로 제주에서 사라져 가는 멸종 위기 식물을 보호하기 위해 노력하고 있다.

89년 개장 당시 동양 최대의 규모를 자랑하던 여미지는 '가장 아름다운 땅'이란 의미를 갖고 있으며 규모가 방대해서 최소 2시간 정도의 여유는 갖고 관람하는 것이 좋다.

> **여행메모**
>
> **교통안내** 서귀포시 중문관광단지 내에 위치
> **입 장 료** 성인 6,000원
> 　　　　　 청소년 및 군경 4,500원
> 　　　　　 어린이 및 노인 3,000원
> **관람시간** 하절기(4월~10월) 09:00~18:30
> 　　　　　 동절기(11월~3월) 09:00~17:30
> 　　　　　 (입장권은 폐장 1시간 전까지만 판매)
> **문의전화** 064)735-1100

퍼시픽랜드

―돌고래와 바다사자의 재롱잔치

끝없는 푸른 바다를 배경으로 해안에 자리한 퍼시픽랜드는 돌고래와 바다사자의 쇼를 관람할 수 있는 곳이다. 농구, 장대높이뛰기, 고공점프 등을 연출하는 돌고래와 물구나무를 서거나 사람과 악수를 하고 악기까지 연주하는 바다사자는 아이들뿐 아니라 어른들에게도 흥미진진하고 유쾌한 볼거리를 선사한다. 여기에 능청스런 원숭이와 흥겨운 아쿠아로빅 쇼가 더해져 약 50분 동안 진행되는 공연 내내 감탄과 웃음을 자아낸다.

공연장 입구에 설치된 해양전시실에는 화려한 열대 어종을 한눈에 볼 수 있는 수족관과 각종 물고기의 박제와 표본들이 전시되어 있어 학습적으로도 좋은 공간이다. 야외에는 중문해수욕장으로 연결되는 산책로가 있어 드넓은 남제주 바다를 감상하며 높은 하늘과 시원한 바다의 향취를 만끽할 수 있다.

중문 대포해안주상절리대

−자연이 빚어낸 태초의 신비

주상절리대는 육각형 모양의 거대한 돌기둥이 겹겹이 붙어서 대 장관을 이루는 곳이다. 거침없이 달려와 해안 절벽에 부딪히며 산산이 부서지는 파도와 신의 조각품이라고 해도 과언이 아닐 정도로 정교하고도 웅장한 돌기둥이 병풍처럼 펼쳐진 이곳 해안에서는 막혔던 가슴까지 시원하게 트이는 느낌이다. 파도가 잔잔할 때는 쪽빛으로 물든 해안을 감상할 수 있고 파도가 거친 날은 20m 이상 솟아오르는 포말을 감상할 수 있다.

자연이 만들어낸 경이로운 경관을 감상할 수 있는 이곳은 제주도 지정문화재 기념물 제50호로 지정될 만큼 천혜의 보고이며 보존가치 또한 높은 곳이다. 관람자의 안전과 환경을 보호하기 위해 설치된 관람로와 전망대는 모두 친환경 자재인 나무로 만들어졌다.

예전에는 지삿개라는 이름으로 불리기도 했는데 '지삿'은 오래된 이곳의 지명 이름이고 '개'는 태우(일종의 뗏목을 가르키는 제주 방언) 정도만을 정박시킬 수 있는 포구를 의미하는 제주 방언으로 예전에는 이곳이 태우를 정박했던 작은 포구였다고 한다.

여행메모

교통안내 중문관광단지 내 컨벤션센터에서 주차장 방향으로 약 100m 안쪽 해안
입 장 료 없음

주상절리란? 태고의 신비를 간직한 주상절리(柱狀節理, pillar-shaped joint)는 화산암 암맥이나 용암, 용결응회암 등에 생성되며 두꺼운 용암이 화구로부터 흘러나와 급격히 식으면서 발생하는 수축작용이 원인이다. 절리(joint)는 암석의 틈새기나 파단면(破斷面)으로서, 쪼개지는 방향에 따라서 판상(板狀)절리와 주상절리가 있는데, 주상절리는 단면의 모양이 다각형(보통은 4~6각형)의 긴 기둥 모양을 이루는 절리를 말한다. 제주도 해안에는 기둥 모양의 주상절리가 절벽을 이루는 곳이 많으며 유명한 정방폭포와 천지연폭포가 이런 지형에 형성된 폭포이다.

제주국제컨벤션센터 세계인의 만남이 이루어지는 이곳은 1만 6천여 평의 대지에 자리잡은 지하2층, 지상5층 건물로서 제주도와 주변 섬들을 형상화한 건축물로 빼어난 외관을 자랑하며 여행자들의 시선을 끌고 있다. 대규모 국제회의, 집회 및 강연, 전시회, 콘서트 및 스포츠 등 각종 이벤트를 개최하고 있으며 2003년 개장된 국제회의의 요람이다.

천제연폭포

-칠선녀의 전설이 서려있는 곳

'하느님의 연못' 이란 뜻을 갖고 있는 천제연폭포는 옥황상제를 모시는 일곱 선녀들이 별빛 영롱한 밤이면 내려와 목욕을 하고 돌아갔다는 전설이 전해지는 곳이다. 실제로 100여 종에 이르는 울창한 난대 식물 숲으로 둘러싸여 총 3단으로 이루어진 폭포를 감상하고 있으면 칠선녀들의 옷자락만큼 아름다운 폭포라는 생각이 절로 든다.

　높이 22m, 폭포 바닥의 수심은 21m에 이르는 제1폭포는 하류로 흐르면서 제2폭포와 제3폭포를 만들며 해안까지 흘러간다. 칠선녀의 전설을 조각해놓은 아치형 선임교에서 내려다보는 계곡은 아찔할 정도로 웅장하며 천제루라고 불리는 누각에서 바라보는 폭포 또한 아름답다.

여행메모
교통안내 서귀포 중문관광단지 내
입 장 료 성인 2,700원 　　　　청소년 및 어린이 1,470원 　　　　노인 무료
주차요금 승용차 800원/ 승합차 1,000원
관람시간 24시간 개방이 되어 있으며 야간에는 　　　　매표를 하지 않아 무료입장이 가능하 　　　　나 조명이 없어 폭포는 보이지 않는다.
문의전화 064)738-1529

중문해수욕장

— 옥빛으로 물든 해변

타원형으로 이루어진 중문해수욕장은 전국에서 최고의 수질과 빼어난 경관을 자랑하는 해수욕장이다. 비교적 파도가 거센 편이라 한여름에는 파라세일링, 수상스키, 윈드서핑 등 각종 해양스포츠뿐 아니라 파도타기를 즐기는 사람들도 눈에 띈다. 제주에서는 '진모살'이라고 불리고도 있으며 '모살'은 모래 혹은 백사장이란 뜻의 제주 방언이다.

주변의 특급 호텔들 모두 중문해수욕장으로 이어지는 산책로를 갖고 있으며 이곳의 이국적인 멋을 더하는데도 한몫을 하고 있다. 한여름이 아니더라도 제주를 찾는 여행자라면 한번씩 들러볼 정도로 사랑 받는 곳이며 연인들의 데이트 코스로도 유명하다.

그러나 중문해수욕장의 아름다움을 제대로 감상할 수 있는 곳은 해수욕장이라기보다는 신라호텔 해안 절벽 위에 있는 '쉬리의 언덕'이라고 할 수 있다. 이곳에서 바라보는 중문해수욕장의 아름다움은 오래도록 가슴 깊게 남아 아름다운 추억을 만들어 줄 것이다.

> **여행메모**
>
> **교통안내** 중문관광단지 내에 위치하며 해안에 위치한 특급호텔마다 이곳으로 이어지는 산책로가 있으며 일반적으로는 퍼시픽랜드 옆 진입로를 이용한다
>
> **주차요금** 승용차 800원/ 승합차 1,000원

쉬리의 언덕 1999년에 제작되어 620만의 관객을 동원하며 화제를 불러모았던 영화 '쉬리'의 마지막 장면을 기억하는 사람들이 많을 것이다. 한석규와 김윤진이 바닷가 언덕 위 벤치에 앉아있던 마지막 장면의 촬영장소가 바로 '쉬리의 언덕'이다.

영화 촬영지뿐 아니라 미국 빌클린턴 대통령과 일본 하시모토 총리가 기자회견을 했던 장소이기도 하고 구소련 고르바초프 대통령이 산책을 즐겼던 유명한 언덕이기도 하다.

이곳에서 바라보는 해안선과 중문해수욕장은 서귀포에서 놓치기 아까운 절경이다. 영화는 추억 속으로 사라지고 있지만 사람들은 이곳에서 제주의 또 다른 아름다움에 깊게 빠져든다.

위치안내 _ 서귀포 중문관광단지 신라호텔 뒤편 산책로에 위치. 호텔 로비에서 물어도 친절하게 안내해 준다.

테디베어박물관

−아기자기한 곰인형의 나라

2001년 4월 중문관광단지 내에 문을 연 테디베어박물관은 100년간 세계 각국에서 생산된 곰인형의 변천과정을 살펴볼 수 있는 2개의 상설 전시관과 1개의 기획전시실을 갖추고 있다. 모나코 경매에서 세계 최고가(한화 약 2억 3천만원)를 기록한 루이뷔통 베어를 비롯 곰인형으로서는 골동품에 해당하는 명품들과 세계 각국의 전통을 소재로 한 쇼케이스 등 볼거리가 다양하다.

또한 야외에 설치된 원형광장에는 50년대 폰티악 자동차와 당시 건축물을 재현해 놓았고 북극곰이 호수에서 더위를 식히는 모습 등 의인화한 각종 곰인형들을 만날 수 있다. 부대시설로 레스토랑과 카페가 있어서 아이를 동반한 가족이나 연인들이 많이 찾고 있다. 하지만 입장요금이 만만치 않은 것이 흠이다.

테디베어는 현재 곰인형을 가르키는 보통명사가 되었지만 그 유래는 미국의 26대 루스벨트 대통령의 애칭인 테디에서 나온 말이다. 사냥에서 곰을 한 마리도 잡지 못한 대통령에게 보좌관들이 새끼곰을 산 채로 잡아다 사냥하기를 권했으나 정당치 못한 일이라고 이를 거절했다는 일화가 미국 전역에 퍼진 후 뉴욕의 한 잡화점에서 판매하던 곰인형에 테디베어라는 이름을 붙여 팔면서 시작되었던 것이다.

여행메모		
교통안내	서귀포시 중문관광단지 내 위치	
입 장 료	성인	6,000원
	청소년	5,000원
	어린이	4,000원
	장애인 및 군경	4,000원
관람시간	성수기(7/19~8/24)	09:00~22:00
	비수기(8/25~7/18)	09:00~19:00
	(매표는 폐장 1시간 전까지)	

야구 명예의 전당

−한국 야구의 산실

1912년 YMCA팀
(하단부터 송하균, 김영배, 이재흥, 이항용, 박긴원
현흥근, 현황은, 김주호, 박영근, 유용락, 허성)

우리 나라에 야구가 도입된 지 90년이 넘었지만 야구는 고사하고 스포츠박물관 하나 제대로 없는 현실을 안타깝게 여기던 전 LG구단 감독 이광한 씨가 은퇴 후 개인적으로 소장해온 야구 관련 소장품들을 서귀포시에 기증해서 만든 곳이다.

영화에서도 널리 알려진 것처럼 우리 나라 최초의 야구단이었던 YMCA(당시 황성기독청년회) 야구단에 대한 자료부터 70년대 폭발적인 인기를 얻었던 고교야구와 현재의 프로야구에 이르기까지 전시되어 있는 자료들이 방대하다. 또한 일본과 미국의 프로야구에 대한 자료들도 짜임새 있게 갖추어져 있고 특히 입구에 전시된 한국 야구 발전에 기여한 9인에 대한 자료가 인상적이다.

여행메모

교통안내 일주도로(12번) 중문에서 서귀포시 방향으로 진행하다 월드컵경기장 앞에서 좌회전. 서귀포시청 지나서 16번 도로에서 다시 좌회전(회수 방향) 후 약 3분 거리

입 장 료 성인 1,000원
　　　　 청소년 및 군인 600원
　　　　 어린이 500원

관람시간 하절기(3월~10월) 09:00~18:00
　　　　 동절기(11월~2월) 09:00~17:00

문의전화 064)739-8956, 735-3634

약천사

—바다를 바라보는 동양 최대의 사찰

약천사는 1960년에 김형곤이라는 학자가 신병 치료를 위해 조그만 굴에서 백일기도를 올리던 중 꿈에 약수를 받아 마신 후 병이 낫자 사찰을 짓고 포교에 전념하다가 입적하였다는 이야기가 전해지는 사찰이다. 역사가 깊지 않음에도 1996년 단일 사찰로는 동양 최대의 규모를 자랑하는 대웅전이 세워지면서 유명해지기 시작, 최근에는 제주를 찾는 관광객들에게 새롭게 부각되고 있는 사찰이다. 하지만 곳곳에서 넘쳐나는 '세계최대' '동양최대'라는 수식어들 때문인지 크게 감흥이 오지는 않는 듯 하다. 법당 내부 정면에는 국내 최대인 높이 5m의 주불인 비로자나불이 4m의 좌대 위에 안치되어 있고 좌우 양쪽 벽에는 거대한 탱화가 양각되어 있다. 사계절 약수가 흐르는 연못이 있다하여 약천사라는 이름이 붙여졌다고 한다.

┌─────────────────────────────────┐
│ **여행메모** │
│ .... │
│ 교통안내 중문관광단지에서 서귀포시 방향으로 │
│ 중문관광단지를 벗어나자마자 우측으 │
│ 로 약천사로 향하는 대형 이정표가 │
│ 있음 │
│ 문의전화 064)738-5000 │
└─────────────────────────────────┘

강정천은 대부분 건천으로 이루어진 제주에서 사계절 맑은 물이 흐르는 몇 안 되는 계곡 중 하나이며 서귀포 주민 식수의 70%를 이곳에서 공급할 정도로 수량 또한 풍부하다. 하천의 끝은 바로 바다로 이어지며 서귀포 앞 바다 범섬이 코앞에 펼쳐져 있다.

풍부한 용천수 덕분에 여름이면 피서객이 몰리기도 하지만 무엇보다 이곳이 유명해진 이유는 다른 지역에서 보기 힘든 은어 서식지로 알려져 있기 때문이다.

해마다 5월이면 바다로 나갔다 돌아온 은어들이 본격적으로 하천을 따라 상류로 올라가기 시작하는데 지금은 예전만큼 수량이 풍부하지 않아 사람들이 인위적으로 도움을 주고 있으며 이것을 '올림'이라고 한다. 서귀포시에서는 같은 시기에 '올림은어축제'를 개최해 생태보호와 축제라는 두 마리 토끼를 잡는 데 성공하고 있다.

교통안내 중문관광단지에서 서귀포시 방향으로 직진하다 우측 전방에 월드컵축구경기장을 끼고 우회전한 후 약 3.4km 거리

제주 월드컵경기장

−세계언론이 극찬한 아름다운 경기장

온 나라를 붉게 물들였던 2002 한일월드컵축구대회가 열렸던 제주 월드컵경기장은 세계언론과 FIFA로부터 세계에서 가장 아름다운 경기장으로 극찬을 받았던 곳이다. 제주의 오름과 분화구, 제주의 전통 초가집의 진입로인 올레와 전통 어선인 테우 등을 종합적으로 형상화한 경기장으로 주변 자연환경과 조화를 이루며 제주인의 진취적인 기상을 상징하고 있다.

경기장 내에 위치한 전시관에서는 2002한일월드컵에 대한 자료와 사진들이 전시되어 있으니 한번쯤 들러서 온 국민을 뜨겁게 열광시켰던 월드컵 당시의 열기를 느껴보는 것도 좋을 것이다.

여행메모

교통안내 중문관광단지에서 일주도로(12번)를 이용 서귀포시 방향으로 약 7km 지점

입 장 료 없음

관람시간 일출시부터 일몰시까지

문의전화 064)739-2002

엉또폭포 이곳 역시 일반에게는 잘 알려지지 않은 곳이지만 폭포 높이가 무려 50m에 달해서 제주에서 가장 웅장하고 높은 폭포이다. 숲 속에 숨어있어서 귤농장 앞의 좁은 농로에서도 폭포는 보일 듯 말 듯 애절한 모습이지만 비가 온 후에는 성난 사자의 포효처럼 거칠기만 하다. 폭포주변의 계곡에는 천연난대림이 넓은 지역에 걸쳐 형성되어 있어 사시사철 원시림의 풍치를 뽐내고 있다.

한가지 단점은 비가 온 다음에야 그 위용을 감상할 수 있으며 평상시에는 떨어지는 물의 양이 너무 적거나 아예 마르기도 한다는 점이다. 하지만 워낙 높고 웅장해서 물이 없어도 아름다운 곳이 바로 엉또폭포이다.

교통안내 제주 사람들에게도 잘 알려지지 않은 이곳은 말 그대로 '숨은' 비경이다. 워낙 숲 속에 숨어 있고 진입로가 없어서 농장 사이길이나 계곡을 거슬러 올라가야 하기 때문이다. 찾아가는 길 역시 설명하기 매우 까다롭다. 일단 서귀포 신시가지(월드컵 경기장 맞은 편) 뒤쪽이며 그 인근에서 길을 묻는 것이 가장 빠르다. 좁은 농로로 접어든 후에도 주민에게 길을 묻지 않으면 찾아가기 힘들다.

문의전화 064)735-3543(서귀포시 관광진흥과)

서귀포자연휴양림

- 삼림욕으로 활력을 되찾자

한라산 남단 자락에 조성된 서귀포자연휴양림은
우리 나라 최남단의 자연휴양림으로 삼림욕에 가장 적합한 해발
700m 고지에 조성되어 있다. 산책로를 따라 푸른 녹음 사이를 걷
다보면 새들의 지저귐은 물론이고 어디선가 불쑥 튀어나온 노루
를 만나게 되기도 한다. 법정악오름 정상에 설치된 전망대에서는
한라산과 서귀포 일대를 한눈에 조망할 수 있다.

야영장과 오토캠프장, 자연체험교육장과 통나무집 등을 갖추고
있어 가족동반 여행자라면 한번쯤 숙박을 고려해볼 만하다. 하지
만 시내에서 동떨어진 곳에 위치해 있어 나이트라이트를 즐기기
에 부적합한 곳임을 염두에
두어야한다.

여행메모

교통안내 중문관광단지에서 제1횡단도로(1100
도로)를 타고 제주시 방향으로 약
7km 지점

이용요금 입장료 성인 1,000원
청소년 600원 / 어린이 300원
부대시설 이용료 야영장 2,000원
오토캠프장 5,000원
통나무집 30,000원~40,000원

문의전화 064)738-4544, 762-4544

논짓물, 갯깍주상절리대

—숨기고 싶은 비경

아직 여행자들에게 많이 알려져 있지도 않고 이정표 또한 제대로 설치되어 있지 않아 찾아가는 데 어려움이 있는 것이 사실이지만 논짓물과 갯깍주상절리대는 제주의 숨은 비경 중에 하나임에는 틀림없다.

논짓물은 해변 바로 앞에서 시원하고 맑은 용천수가 솟아나는 곳으로 지역 주민에게 여름 피서지로 사랑 받는 곳이며 해안을 따라 동쪽으로 약 1km 지점에 위치한 갯깍주상절리대는 대포해안 주상절리대와는 또 다른 느낌의 해안절경이다. 각진 돌기둥들이 40m 높이의 절벽을 이루고 있어 말 그대로 병풍을 연상시키며 바로 옆에는 입구와 출구가 모두 해안을 향해 관통되어 있는 동굴이 있다. 해안을 따라 좀더 들어가면 조른모살해수욕장과 비가 온 후에만 물이 떨어지는 개나리폭포를 만나게 된다. 이곳을 지나면 바로 중문해수욕장이 나온다.

남들이 찾지 않는 숨은 비경을 보고 싶은 사람이라면 방문해도 후회는 없을 것이며 방문한 후에는 오히려 이곳이 널리 알려지는 것을 원치 않게 될지도 모른다. 제주에 이런 숨은 비경 한두 곳 정도는 때묻지 않은 채 남아 있어 주기를 바라는 마음 때문이다.

> **여행메모**
>
> **교통안내** 중문관광단지에서 일주도로(12번)를 타고 산방산 방향으로 진행하자마자 예래동으로 향하는 좌회전 길이 나온다. 이 길로 약 2.2km 진행 후 해안으로 내려가야 한다. 하지만 승용차 한두 대가 겨우 지날 수 있는 농로이기 때문에 마을 주민에게 '논짓물' 가는 길을 묻는 것이 가장 안전하다. 논짓물에서 갯깍주상절리대는 해안을 따라 서쪽으로 가야하며 '하수종말처리장' 바로 옆이다. 차량은 하수종말처리장까지 들어갈 수 있다.

외돌개

-바다 위에 솟아오른 외로운 돌기둥

서귀포 칠십리 해안 삼매봉 끝자락 바닷가에 20m 높이로 우뚝 솟은 돌기둥이 바로 외돌개이다. 약 150만년 전 화산이 폭발할 때 생성되었으며 파도의 침식작용에 의해 강한 암석만 남아 지금에 이른 것이다. 바위 위에는 사람의 머리카락처럼 몇 그루의 소나무들이 자생하고 있으며 고려말 최영 장군이 서귀포 앞 바다 범섬에 남아있던 원나라 군사를 토벌할 때 외돌개를 장수로 치장시켜 이를 본 적군이 겁에 질려 모두 자결했다는 설화가 내려오기도 한다. 외돌개의 다른 이름 '장군석'은 여기서 유래된 말이다. 그런가 하면 고기잡이 나간 할아버지를 애절하게 기다리다 바위가 되었다 하여 '할망바위'라고 불리기도 한다.

　외돌개를 중심으로 주변 물색은 옥빛으로 매우 아름다우며 특히 해가 지는 무렵의 노을은 서귀포의 백미 중에 하나이다. 해안을 따라 산책로가 설치되어 있어 푸른 숲에서 잠시나마 휴식을 취하기에 안성맞춤이며 산책로 서쪽 끝에는 칠십리 노래비가 설치되어 있다. 이곳에서 바라보는 탁 트인 서귀포 앞 바다는 가슴속까지 시원하게 한다.

여행메모

교통안내 일주도로(12번)를 이용 서귀포 시가지에서 중문 방향으로 벗어나자마자 외돌개로 접어드는 좌회전 길이 나온다. 이 도로를 이용 약 2km 진입

입 장 료 없음

관람시간 하절기(3월~10월) 09:00~18:00
　　　　 동절기(11월~2월) 09:00~17:00

문의전화 064)735-3604(천지동사무소)

이중섭 문화의 거리

−천재 화가의 예술혼을 찾아서

가장 한국적인 작가인 동시에 가장 현대적인 작가로 평가받는 이중섭(1916~1956)은 한국 미술사에 위대한 발자취를 남긴 화가이다. 천재적인 예술혼을 불사르다 40세의 젊은 나이로 요절한 그는 6·25전쟁 당시 서귀포로 내려와 피난 생활을 했으며 그가 생활하던 터에는 소박한 초가집이 복원되어 있다. 최근에는 이중섭미술관과 이중섭공원이 들어서서 그의 예술세계를 기리고 그의 발자취를 한곳에서 살펴볼 수 있게 되었다.

이중섭은 서귀포에 머물면서 '서귀포의 환상' '게와 어린이' '섶섬이 보이는 풍경' 등 주옥같은 명작을 남겼으며 이중섭미술관에서는 가나 아트센터 대표 이호재 씨가 기증한 그의 원화 작품을 직접 감상할 수 있다.

이중섭의 생애 이중섭은 평양에서 출생 오산고등보통학교를 졸업하였고 일본 도쿄문화학원 미술과 재학 중 1937년 일본의 자유미협전에 출품하여 주목을 받았다. 1945년에 귀국하여 원산사범학교 교사로 재직했으며 1952년 부인이 두 아들과 함께 일본으로 건너가자 전국을 떠돌며 부두노동 등을 하며 생활했다. 전쟁이 끝난 후 서울로 올라와 1955년 미도파 화랑에서 단 한 번 개인전을 열었다. 그러나 계속된 생활고와 가족과의 이별을 견디지 못하고 1956년 적십자병원에서 40의 나이로 쓸쓸히 숨졌다. 그의 작품은 1970년대에 이르러서 새롭게 주목받으며 재평가를 받았으며 이제 그의 작품은 신화적인 명성을 얻고 있다.

여행메모

교통안내 서귀포시 중심가 한복판에 이중섭거리가 있으며 이 길을 따라 언덕을 내려가면 복원된 초가집과 이중섭미술관이 있다.

입 장 료 (이중섭미술관) 성인 1,000원
청소년 및 군경 500원
어린이 300원

관람시간 하절기(3/1~10/31) 09:00~18:00
동절기(11/1~2/28) 09:00~17:00

휴 관 일 매주 월요일, 국경일, 국가지정 공휴일

문의전화 064)733-3555

천지연폭포

−하늘과 땅이 맞닿은 곳

서귀포항 옆 대형 주차장을 가로질러 길게 들어선 산책로를 따라가다 보면 거친 물소리가 들리기 시작하고 이어 높이 22m, 폭 12m에 이르는 웅장한 폭포가 시야에 가득 들어온다. 폭포가 떨어지는 못의 수심은 20m에 이르며 이곳에는 밤에만 주로 활동하는 무태장어(천연기념물 제285호)가 서식하고 있다. 폭포 주변 기암절벽 계곡에는 천연기념물 제163호인 담팔수나무, 세계적으로 천지연에만 서식하는 가시딸기를 비롯해 수백 종의 희귀식물들이 자생하고 있어 울창한 계곡 주변이 문화재보호구역으로 지정되어 있다.

특히 야간에도 조명시설이 설치되어 있어 여행자들의 발길이 멈추지 않는 곳이다. 더욱이 서귀포항의 야경 또한 아름다워서 이곳을 찾는 여행자들을 즐겁게 만들고 있다.

여행메모

교통안내 서귀포시 서귀포항 옆에 대형 주차장이 있으며 이 주차장 안쪽으로 매표소가 있다.

입 장 료 성인 2,200원
　　　　　청소년 및 어린이 1,100원
　　　　　노인 무료

주차요금 승용차 800원
　　　　　경차, 국가유공자, 장애인차량 400원
　　　　　승합차 1,000원

문의전화 064)733-1528

정방폭포
—동양 유일의 해안폭포

개찰구에서 표를 끊고 계단을 내려가면서 바라보는 정방폭포의 모습은 매우 인상적이다. 해안 절벽에서 떨어지는 폭포수가 곧바로 바다로 흘러들기 때문이다. 실제로 정방폭포는 동양에서 유일한 해안폭포라고 한다. 높이는 23m로 천지연폭포보다 1m가 높으며 폭포수가 일으킨 물보라 속에서 아름다운 오색 무지개를 어렵지 않게 발견할 수 있다.

천지연폭포, 천제연폭포와 더불어 제주를 대표하는 3대 폭포 중에 하나인 이곳을 정방하폭(正房夏瀑)이라 하여 옛 제주인은 영주10경의 하나로 꼽았다. 해변의 둥근 바위 위에 걸터앉아 세차게 떨어지는 정방폭포를 바라보고 있자하면 그 아름다움에 파도와 바람마저도 침묵하는 느낌이다.

중국을 통일했던 진시황은 '서불'이라는 인물을 통하여 12년 동안 세 차례에 걸쳐 불로초를 구하도록 했다. 서불은 삼신산(금강산, 지리산, 영주산)의 하나인 영주산(한라산)에 불로초를 구하러 왔다가 돌아가면서 정방폭포 암벽에 서불과지(徐市過之/서불이 이곳을 지나갔다)라는 마애명을 남겼다.

여행메모

교통안내 서귀포시 동쪽 해안에 위치. KAL호텔 진입로에서 이정표를 볼 수 있다.

입 장 료 성인 2,000원
청소년 및 어린이 1,000원
노인 무료

주차요금 승용차 800원/ 승합차 1,000원

문의전화 064)733-1530

- -

소정방폭포 정방폭포에서 나와 도로를 따라 동쪽으로 300m쯤 가다보면 소라의 성이라는 음식점이 나오는데 이 음식점 뒷마당을 통해서 해안으로 내려가면 높이 5m 정도의 '소정방폭포'라고 불리는 작은 폭포가 나온다. 사람들은 여름에 '물맞이'라 하여 이곳에서 떨어지는 폭포수를 온몸으로 맞으며 더위도 식히고 마사지 효과를 통해 건강도 챙긴다.

서복전시관

−진시황의 사자 서불의 발자취

정방폭포의 검은 암벽에는 중국 진시황의 명을 받고 불로초를 구하러 왔던 '서불'이 끝내 불로초는 구하지 못하고 서쪽(일본)으로 떠나면서 새겨 넣었다는 '서불과지(徐不過之)'라는 글씨가 남아있지만 최근 그 진위에 대한 논란이 빚어지기도 했다.

　서복전시관은 그의 발자취를 살펴볼 수 있는 전시공간이다. 전시관 자체도 중국 양식으로 지어졌고 입구의 정원도 중국풍이라 매우 이색적이다.

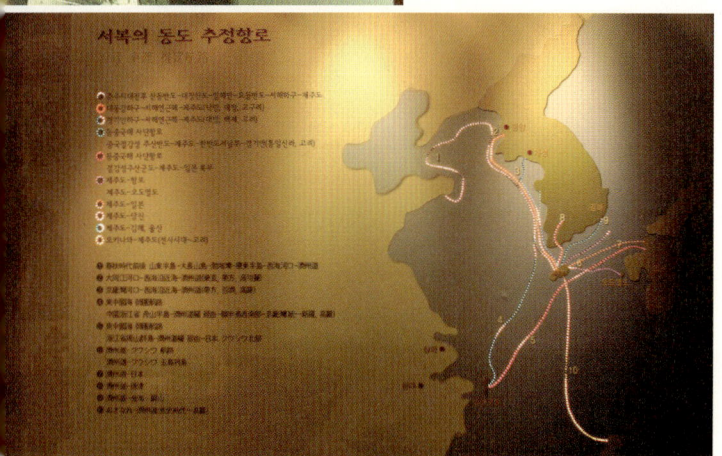

여행메모

교통안내　정방폭포 개찰구에서 차량진입이 금지된 서쪽으로 걸어서 3분 거리에 위치

입 장 료　성인 500원
　　　　　청소년 및 어린이 300원
　　　　　노인 무료

관람시간　하절기(3월~10월) 09:00~18:00
　　　　　동절기(11월~2월) 09:00~17:00

문의전화　064)735-3225

해저, 해상관광

―바다 속 환상체험

해저관광 _ 서귀포 앞 바다는 제주에서 가장 아름다운 곳이며 세계적으로도 많은 다이버들이 찾을 정도로 유명한 곳이다. 특히 문섬 인근의 수중 세계는 다양한 산호초 군락과 풍부한 열대어 서식지로 널리 알려져 있다.

　이런 아름다운 바다 속 비경을 스쿠버다이빙을 하지 않고도 감상할 수 있는 것이 바로 해저 잠수함관광이다. 요금은 다소 비싸지만 수중 세계의 비경을 감상할 수 있다는 매력 때문에 관광객의 발걸음이 끊이지 않고 있다. 잠수함 밖의 열대어 무리들과 아름다운 산호군락, 그리고 즐거움을 더하기 위해 펼쳐지는 다이버의 쇼. 30m 해저 속으로의 여행은 제주에서만 느낄 수 있는 즐거움이다.

해상관광 _ 바다 여행은 해저에서만 이루어지는 것은 아니다. 서귀포 앞 바다의 섬들을 순회하는 해상관광도 제주에서 특별한 추억을 만들기에 충분하다. 배를 타고 나가면 해안에서 바라보던 바다와는 다른 새로운 모습을 발견하게 된다. 배는 섶섬과 문섬, 범섬, 외돌개 등을 돌게 되며 특히 해상관광의 종류에 따라서 잠수함은 아니지만 모니터를 통해 배가 지나고 있는 현재의 바다 속을 보여주는 선박도 있으니 선택의 폭이 넓은 편이다.

여행메모

교통안내 서귀포항에서 해안도로를 따라 남서쪽 방향으로 약 500m 지난 지점에 대국해저잠수함 매표소가 있다.

이용요금 **잠수함** 잠수함 승선 요금은 다소 비싼 편이지만 각종 할인혜택이 있다. 인터넷(www.submarine.co.kr) 예약이나 공항 관광안내소에서 나누어주는 할인쿠폰, 제휴되어 있는 렌터카나 숙박업소 등을 살펴보면 10%~20%까지 할인이 가능하며 예약은 필수이다.
성인 49,500원/ 중학생~대학생 39,600원/ 4세~초등학생 29,700원/ 4세 미만 무료
로맨틱크루즈(해저탐사유람선)
성인 21,500원/ 중학생~대학생 15,000원/ 초등학생 9,000원/ 초등생 미만 무료
파라다이스(유람선)
성인 15,000원/ 초등학생~대학생 7,500원/ 초등생 미만 무료
＊모든 요금에는 해양공원입장료(500원~1,500원)가 별도로 포함된다.

문의전화 출항시간 확인과 예약을 위해서 필히 사전 문의가 필요하며 잠수함의 경우 예약 없이 방문할 경우 2시간을 기다려야 승선이 가능할 수도 있다.
잠수함 064)732-6060,
해저탐사유람선/유람선 064)732-1717

서귀포의 섬 전설에 의하면 옛날 어느 사냥꾼이 한라산에서 사냥을 하다가 실수로 옥황상제의 배를 활집으로 건드렸다고 한다. 이에 크게 노한 옥황상제가 한라산 봉우리를 뽑아 집어 던졌는데 뽑힌 자리는 백록담이 되었고 그것이 흩어져서 바다에 떨어진 것이 서귀포 앞 바다의 작은 섬들이라고 한다.

문섬 모기가 많아서 모기 문(蚊)자를 붙여 문섬이라고 불리게 되었다는 유래가 있다. 서귀포항에서 가장 가까운 위치에 있으며 한류와 난류가 교차해 많은 산호와 열대어가 서식하며 이곳 수중 세계는 우리 나라에서 가장 아름다운 것으로 알려져 있다. 섬 주변에서는 참돔, 돌돔, 흑돔, 벤자리 등이 많이 잡힌다고 한다.

섶섬 세계적인 식물군상이 자생하고 있는 섶섬은 그 학술가치와 보존가치 때문에 섬에 접안이 금지되어 있다. 자생하는 식물은 파초일엽, 담팔수나무, 청귤나무 등 희귀식물과 기타 식물 4백50여 종에 이른다. 제주도에서 자생하는 거의 모든 상록수가 모여 있다고 보아도 과언이 아니다. 전체적으로 깎아지른 듯한 벼랑으로 이루어져 있으며 상록수림이 울창하다.

범섬 서귀포항 남서쪽 5km 해상에 위치한 범섬은 호랑이가 웅크린 모습과 닮았다하여 붙여진 이름이지만 웅크린 호랑이의 형상을 발견하기는 쉽지 않다. 섬에는 해식쌍굴이 있으며 전설에 의하면 제주도를 만든 '설문대할망'이 한라산을 베개 삼아 누울 때 뻗은 두발이 뚫어 놓은 것이라고 한다.

패류화석지대

−100만년 전 고대해양생물의 흔적

우리 나라에서 유일한 신생대 플라이스토세 초기(약 100만년 전)의 해양퇴적층으로서 해안 절벽을 따라 높이 36m, 길이 1km에 걸쳐 노출되어 있다. 이곳에는 연체동물화석을 비롯하여 완족류, 유공충, 개형충, 성게, 해면, 산호, 상어이빨, 고래뼈 등의 다양한 해양동물 화석이 발견되고 있다. 동북아시아 지역의 고해양 환경을 연구하는데 매우 중요한 위치를 차지하고 있으며 그 희귀성과 학술적 가치가 인정되어 천연기념물 제 195호로 지정 보호되고 있다.

해저 잠수정 선착장 바로 옆 해안가 암벽이라 한번쯤 들러보는 것도 좋으나 무단 채취, 훼손은 절대 금물이다.

쇠소깍

-바다와 하나가 되는 곳

쇠소깍은 효돈천이 흐르고 흘러 바다에 다다
른 마지막 길목이다. 서귀포의 숨은 명소 가운데 하나이며
조용하면서도 다양한 기암괴석의 아름다움을 감상할 수
있는 곳이다. 주변은 울창한 소나무가 숲을 이루고 있으며
계곡과 바다가 만나는 지점의 수심은 꽤 깊은 편이다.

　한적하고 남들이 잘 찾지 않는 비경을 보고 싶은 사람
이라면 찾아가 보길 권한다. 그러나 이런 숨은 비경의 공
통점은 찾아가는 길이 쉽지 않다는 것이다. 하지만 약간
의 수고로움만 감수한다면 효돈천 끝자락에 숨어 있는 보
석 쇠소깍을 찾는 것은 그리 어려운 일도 아니다.

여행메모

교통안내 서귀포시에서 일주도로(12번)를 타고
동쪽 방향으로 진행. 서귀포시와 남제
주군의 경계 지점에 '소래교'라는 다
리가 나온다. 이 다리 밑으로 하천을
따라 끝까지 내려가면 된다.

문의전화 064)735-3605(효돈동사무소)

돈내코유원지

– 여름 최고의 피서지

한여름 삼림욕과 물놀이를 함께 즐길 수 있는 곳이 바로 돈내코이다. 계곡을 따라 빽빽하게 들어선 나무숲은 하늘을 가릴 정도이고 주변에서 들려오는 새소리 물소리는 가슴속까지 초록물을 들게 한다.

산책로도 잘 정비되어 있고 여름에는 야영도 가능하다. 특히 백중날(음력 7월 보름) 물을 맞는 풍습 때문에 계곡 안쪽에 위치한 5m 높이의 원앙폭포는 이곳을 찾는 제주인들에게 인기다. 제주에서는 이날 물을 맞으면 모든 신경통이 사라진다는 이야기가 전해 오기 때문에 많은 사람들이 폭포 밑에서 물을 맞으며 더위를 식힌다.

돈내코라는 지명의 유래는 예부터 이 지역에 멧돼지가 많이 출몰하여 '돗드르'라고 불렸고 '돗'은 돼지, '드르'는 들판을 가리키는 제주의 방언이다. 돈내코에서 '코'는 입구를 말하는 제주방언이고 '내'는 하천을 말하는 것이다. 즉 돈내코는 멧돼지들이 물을 먹던 하천 입구라는 뜻이다. 하지만 1920년대 이후 더 이상 멧돼지는 발견되지 않고 있다.

여행메모

교통안내 서귀포시에서 제2횡단도로(5·16도로)를 이용하여 제주시 방향으로 진행. 서귀포시 경계지점 토평리 서귀포산업과학고등학교 바로 전에서 좌회전 후 약 1.7km 전방

이용요금 입장료 및 주차료 없음 야영장 사용료 500원~1,000원

문의전화 064)733-1584, 792-8511

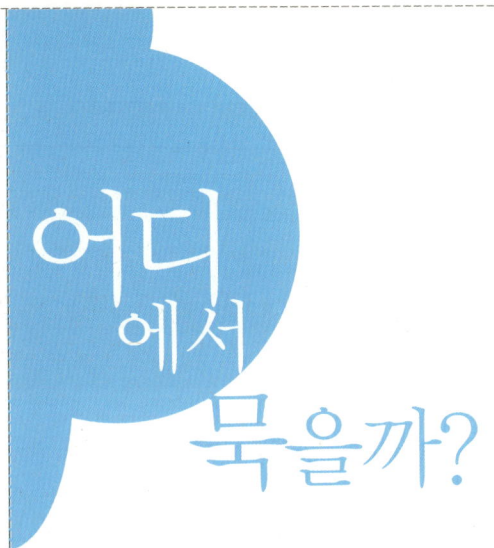

어디에서 묵을까?

【제주나루터】 서귀포 KAL호텔 입구에 위치해 있으며 모든 객실의 전망이 뛰어나다. 시설 또한 매우 양호한 편이며 '칠십리건축상'을 수상했을 정도로 외관도 훌륭하다. 1층에 레스토랑을 운영하고 있으며 객실요금은 평수에 따라 달라질 뿐 인테리어는 비슷한 수준이다.

요금 _ 비수기 70,000원-200,000원
　　　성수기 90,000원-250,000원
전화 _ 064)732-5525
주소 _ 서귀포시 토평동 581-1
www.jejunaruter.com

【해오름민박】 정방폭포 매표소 바로 앞에 위치해 있으며 마당에서 바다를 바라보는 느낌이 좋은 곳이다. 온돌방과 침대방으로 구분되어 있으며 별채는 황토방으로 지어졌다. 특히 마당에서 일인당 3,000원~5,000원의 요금을 지불하고 텐트만 칠 수도 있다.

요금 _ 비수기 30,000원~50,000원
　　　성수기 50,000원~70,000원
전화 _ 064)732-1262
주소 _ 서귀포시 동홍동 281-3
www.minbakjeju.co.kr

【솔바람민박】 외부구조는 마치 빌라를 연상케 하지만 내부는 원룸형이다. 서귀포시내에서 가까우면서도 매우 조용하며 취사 시설도 완벽하다. 중급 시설에 저렴한 숙소를 찾는 여행자에게 적합하다.

요금 _ 비수기 50,000원~60,000원
　　　성수기 100,000원
전화 _ 064)763-5536
주소 _ 서귀포시 동홍동 192-34
www.sbaram.co.kr

【중문황토하우스】 온돌 바닥이 황토로 되어 있어 친환경적인 민박집으로 객실은 독립되어 있지만 주방은 공용이다. 숙박 요금이 비교적 저렴한 편이며 성수기에는 추가인원에 대한 요금을 받지 않기 때문에 일행이 많은 학생 여행자들에게 적합한 곳이다.

요금 _ 비수기 30,000원
　　　성수기 50,000원~60,000원
전화 _ 064)738-0490
주소 _ 서귀포시 중문동 지삿개길 13호
www.chejuhwangto.co.kr

【폭포가 있는 풍경】

객실은 4개로 많지 않으나 고급스러우며 침실과 거실이 분리된 곳과 원룸형이 있다. 파라솔이 설치되어 있을 정도로 베란다가 넓어서 매우 쾌적한 편이며 바로 옆에는 천제연폭포로 흘러가는 계곡이 있어 운치가 남다른 곳이다.

요금 _ 비수기 70,000원~90,000원
　　　 성수기 100,000원~
　　　　　　　 150,000원
전화 _ 064)738-4488
주소 _ 서귀포시 색달동 2458-2

【해피하우스】

객실은 13평형, 15평형, 26평형으로 구분되어 있으며 26평형의 경우 10명까지도 묵을 수 있다고 한다. 원룸형인 13평형, 15평형 숙박요금은 모두 4인 기준이다. 중문관광단지에서 비교적 가까우면서도 조용한 곳이다. 취사시에 필요한 양념들은 무료로 제공한다.

요금 _ 비수기 60,000원~130,000원
　　　 성수기 100,000원~
　　　　　　　 180,000원
전화 _ 064)738-9339
주소 _ 서귀포시 상예동 536
www.jejuhappyday.co.kr

【그린사이드】

두 개의 방이 포함된 25평형과 원룸형으로 이루어진 12평, 13평의 객실을 보유하고 있으며 한라산과 서귀포 앞 바다를 동시에 조망할 수 있는 객실도 있다. 중문관광단지 입구에 위치해 있어 이동도 용이하다.

요금 _ 비수기 70,000원~
　　　　　　　 140,000원
　　　 성수기 100,000원~
　　　　　　　 200,000원
전화 _ 064)738-0074
주소 _ 서귀포시 색달동 2538번지
www.egreenside.co.kr

【오아시스】

깔끔한 외관과 훌륭한 내부 시설을 갖추고 있는 곳이다. 모든 방은 침실이 분리되어 있으며 건축 주재료가 나무여서 더욱 아늑한 분위기다. 특히 발코니가 매우 넓고 훌륭하며 이곳에서 바라보는 중문 일대의 앞 바다가 매우 아름답다.

요금 _ 비수기 110,000원~190,000원
　　　 성수기 190,000원~
　　　　　　　 350,000원
전화 _ 064)739-5705
주소 _ 서귀포시 하예동 351-2
www.jejuoasis.com

【세훈빌리지】

원룸형과 11평형, 18평형으로 나뉘어 있으며 방 2개가 포함된 18평형의 경우 추가요금 없이 6인까지 묵을 수 있다. 귤농장을 함께 운영하고 있어 겨울철이면 농장체험이 가능하며 따먹는 것은 무료, 가져가는 것은 유료라고 한다.

요금 _ 비수기 30,000원~80,000원
　　　 성수기 50,000원~120,000원
전화 _ 064)738-6605
주소 _ 서귀포시 중문동 1358
www.sehoonvil.com

【세상구경】

상예동 언덕에 외로이 동떨어진 민박집으로 한번쯤 묵어보고 싶은 충동을 일으키는 곳이다. 내부는 개별 여행자보다는 단체 여행자를 위한 구조를 갖추고 있지만 필요에 따라 거실을 분리시킬 수 있는 형태라 불편하지 않다.

요금 _ 비수기 50,000원
　　　 성수기 70,000원
전화 _ 064)738-1753
주소 _ 서귀포시 상예동 899번지
www.worldsee.co.kr

어디
에서
먹을까?

【동해미락】 천지연폭포와 정방폭포를 잇는 해안도로에 위치한 곳으로 2층에서 바라보는 전망이 뛰어나다. 싱싱한 활어회를 제공하고 있어 주민들에게도 잘 알려진 곳이며 숙박지가 서귀포시일 경우 무료 대리운전 서비스를 제공하기 때문에 차량을 소지한 여행자들도 부담이 없는 곳이다.

구분 _ 횟집
전화 _ 064)733-5921
주소 _ 서귀포시 서귀동 72-1

【수라청】 내부는 가정집과 흡사한 구조지만 정원이 매우 훌륭하다. 수라청을 대표하는 요리는 한정식 코스 요리이며 토속음식에는 10가지의 기본 반찬과 된장찌개가 제공된다. 뿐만 아니라 점심특선으로 한치회덮밥과 소머리국밥 등 간단한 음식도 준비되어 있다.

구분 _ 한정식 및 토속음식점
전화 _ 064)763-2227~8
주소 _ 서귀포시 서귀동 782-3

【언덕 위의 집】 정방폭포 윗길에 위치해 있어 시야가 시원하게 트여있는 곳이다. 입구의 하얀 풍차가 이국적인 멋을 더하고 있으며 요리는 저렴한 돈까스부터 제주산 바닷가재요리까지 매우 다양한 편이다. 차와 음료도 가능하며 저녁 시간에는 주류를 판매하기도 한다.

구분 _ 레스토랑
전화 _ 064)732-6996
주소 _ 서귀포시 동홍동 284번지

【수희식당】 경남호텔에서 천지연폭포 진입로 방향으로 약 200미터 지점에 위치해 있으며 인테리어가 뛰어나거나 넓은 규모를 자랑하는 곳이 아님에도 늘 많은 손님들로 만원을 이루는 곳이다. 여행자들보다는 서귀포 시민에게 더욱 잘 알려져 있으며 이곳의 물회가 특히 유명하다.

구분 _ 토속음식점
전화 _ 064)762-0777
주소 _ 서귀포시

【쌍둥이식당】 서귀포시 중심지의 시장 안에 위치해 있으며 이곳 역시 여행자들보다는 서귀포 시민들에게 잘 알려진 곳이다. 싸고 싱싱한 회를 맛볼 수 있으며 푸짐한 별도의 요리들이 제공된다. 낮 시간에는 회덮밥과 초밥, 매운탕 등을 맛볼 수 있으며 주차장은 딸려 있지 않지만 전화를 하면 무료로 주차할 수 있는 위치를 알려준다.

구분 _ 횟집
전화 _ 064)762-0478
주소 _ 서귀포시 서귀동 274-3

【전망대횟집】 중문해수욕장을 한눈에 내려다 볼 수 있는 전망 좋은 집이다. 비교적 저렴한 가격에 싱싱한 회를 즐길 수 있으며 해물탕이나 갈치조림, 옥돔구이, 고등어조림 등 다양한 생선요리들도 맛볼 수 있다. 롯데호텔과 신우성상가 사잇길로 진입 후 끝까지 진행해야 한다.

구분 _ 횟집
전화 _ 064)738-8884
주소 _ 서귀포시 색달동 2822-12

【해운대가든】 서귀포 시내에서 중문 방향으로 진행하다가 외돌개 입구를 지난 언덕 너머에 위치해 있으며 해안으로 향한 벽면 전체가 통유리로 되어 있어 탁 트인 시야를 자랑하는 곳이다. 훌륭한 육질을 자랑하는 쇠고기 요리들을 맛볼 수 있는 곳이다.

구분 _ 갈비전문점
전화 _ 064)738-6939
주소 _ 서귀포시 호근동 431-8
www.dombe.com

【옛토담집】 중문 시내에 위치해 있으며 소박하고 아담한 가정집 구조를 갖고 있는 곳이다. 백반식인 토담정식은 정갈한 밑반찬과 조기구이가 제공되며 그밖의 다양한 토속음식을 맛볼 수 있다.

구분 _ 토속음식점
전화 _ 064)738-2229
주소 _ 서귀포시 중문동 217번지

【중문해녀의집】 이곳의 장점은 뭐니뭐니해도 싼 가격일 것이다. 해녀들이 직접 채취한 해산물을 해녀들이 요리해서 파는 곳이기 때문에 생선회는 맛볼 수 없지만 싱싱한 전복, 소라, 해삼, 문어, 낙지 등을 저렴한 가격에 맛볼 수 있는 곳이다. 특히 전복죽은 남자도 혼자 먹기에는 부담스러울 정도로 양이 푸짐하다.

구분 _ 해녀의집
전화 _ 064)738-9557
주소 _ 중문관광단지 컨벤션센터 인근 배릿네포구 끝에 위치

【중문아구찜】 아구찜 전문점으로 중문 일대의 주민들에게 큰 인기를 얻고 있는 곳이다. 분위기는 소박하지만 싱싱한 재료를 사용하기 때문에 아구찜의 맛은 일품이다. 양념의 주재료라고 할 수 있는 고춧가루는 좋은 재료를 골라 1년 치를 미리 준비할 정도로 꼼꼼한 곳이다.

구분 _ 아구찜전문점
전화 _ 064)738-2090
주소 _ 서귀포시 중문동 2056-6

동부지역

【해뜨는집】 13평형, 16평형, 18평형, 20평형의 객실을 갖추고 있으며 깔끔하고 이국적인 외관에 걸맞게 내부 시설도 훌륭하다. 침대와 온돌로 나뉘어진 객실에서는 모두 성산일출봉의 조망은 물론 일출도 감상할 수 있다. 무엇보다 성수기 요금을 따로 받지 않아 훌륭한 시설에 비해 가격도 저렴한 편이다.

요금 _ 70,000원~120,000원
전화 _ 064)784-8812
주소 _ 남제주군 성산읍 오조리 3-14   www.sunrisinghouse.co.kr

【포틀마리나】 남제주군 남원에 위치한 이곳은 지중해 풍 외관으로 여행자들의 눈길을 사로잡는 곳이다. 내부시설 또한 매우 이국적이고 독특해서 신혼여행객에게도 전혀 손색이 없으며 500평 규모의 넓은 정원도 훌륭하다. 부대시설로 아담한 고급 레스토랑이 있으며 예약시 정통 통돼지 바비큐 뷔페도 넓은 정원에서 맛 볼 수 있다.

요금 _ 비수기 100,000원~150,000원
        성수기 130,000원~180,000원
전화 _ 064)764-9055
주소 _ 남제주군 남언리 1381   www.marinajeju.com

【에트왈제주】 18평형, 26평형, 32평형으로 비교적 넓은 객실들로 이루어져 있으며 복층으로 이루어진 내부 구조가 매우 훌륭하고 이국적이다. 특히 허니문과 가족 동반 여행자는 물론 유아를 동반한 여행자들까지 배려한 각각의 인테리어가 돋보인다. 바다까지 내려오는 넓은 창을 통해 시원한 남제주 앞바다를 감상할 수 있다.

요금 _ 비수기 100,000원~200,000원
        성수기 140,000원~220,000원
전화 _ 064)787-5866
주소 _ 남제주군 표선면 세화리 289-1   www.etoilejeju.com

【별주부전】 통나무로 이루어진 구조가 주변의 소나무 숲과 잘 어울리는 곳으로 신영영화박물관에 인접해 있다. 1층에서는 향토음식을 판매하고 2층에서는 경양식을 판매하고 있어 메뉴의 선택 폭도 넓은 편이다.

구분 _ 레스토랑, 향토음식점
전화 _ 064)764-8899
주소 _ 남제주군 남원읍 남원리 1389-7   www.jejujara.com

【나목도식당】 산간도로에 위치한 시골 식당인 이곳에서 맛보는 돼지고기 맛이 매우 뛰어나다. 풍부한 인심과 오랜 경험으로 만들어진 양념 갈비는 강하지 않으면서도 깊은 맛이 우러난다. 특히 제주 토종 돼지를 이용한 순대국밥은 진한 육수가 별미이며 몸국과 흡사하기도 하다.

구분 _ 돼지갈비
전화 _ 064)787-1202
주소 _ 남제주군 성산읍 가시리 1877-6

【성산포뚝배기】 성산일출봉과 드넓은 바다를 바라보며 식사를 즐길 수 있는 곳이며 성산 인근에서 잡히는 싱싱한 해산물을 이용하는 것이 자랑이다. 고등어와 갈치조림이 손님들이 가장 많이 찾는 요리이며 해물전골과 각종 활어회도 추천할 만하다.

구분 _ 향토요리
전화 _ 064)782-0303
주소 _ 남제주군 성산읍 성산리 399-12

함덕해수욕장

–황금빛 모래사장

함덕해수욕장은 파도가 높지 않고 수심이 깊지 않아
가족 동반 여행객들이 많이 찾는 곳이다. 규모도 제주에서 최대를
자랑하며 해변의 황색 모래사장은 연인의 속삭임처럼 매우 부드
럽다. 해수욕장은 커다란 언덕을 기준으로 양쪽으로 분리되어 있
으며 이 언덕에 야영장이 설치되어 있다. 언덕에서 조망하는 전체
적인 경치가 뛰어나고 인근 갯바위 지역은 낚시를 즐기는 강태공
으로 사철 붐비고 있다.

중문해수욕장, 협재해수욕장과 더불어 제주를 대표하는 3대 해
수욕장이고 그 명성에 걸맞게 물도 맑고 경관 또한 수려하며 주위
부대시설과 편의시설도 잘
되어 있다. 일몰 후 먼 바다
에서 조업하는 선박들의 불
빛은 함덕해수욕장의 또 다
른 볼거리다.

여행메모	
교통안내	제주시에서 일주도로(12번)를 이용 성산 방향으로 약 15분 거리
이용요금	야영장 1,000원 샤워 및 탈의장 성인 1,000원, 중고생 600원, 어린이 400원

김녕해수욕장

−정감 있는 해수욕장

김녕해수욕장은 백사장이 그리 큰 편은 아니다. 하지만 모래마저도 깨끗한 해변은 아기자기한 맛이 있어 연인들에게 인기고 해변의 검은 바위들과 옥빛 바다가 어우러져 여행자의 마음을 사로잡고 있다. 특히 서쪽 해안마을 너머로 지는 노을은 바다에서 하루를 마무리하는 여행자에게 매력적인 장면이 아닐 수 없다.

이곳 역시 갯바위에서 낚시를 즐길 수 있으며 갓돔, 노래미돔 등이 잘 잡힌다고 한다. 가까운 곳에 만장굴이 있으며 주변에 민박이 풍부하고 야영장 역시 불편함 없는 편의시설을 갖추고 있다.

여행메모	
교통안내	함덕해수욕장에서 동쪽으로 약 9km 지점
이용요금	야영장 1박 1인 기준 1,000원 샤워 및 탈의장 성인 1,000원 중고생 600원, 어린이 400원

만장굴

−세계 최고의 용암동굴

156

만(萬)은 단순히 산술적인 숫자를 나타내는 것뿐 아니라 크거나, 많거나, 긴 것을 대변하는 대명사로 더 많이 쓰여 왔다. 중국의 만리장성이 그렇고 제주의 만장굴이 그렇다. 제주에는 화산 용암의 침하운동으로 생성된 천연동굴이 많은데, 만장굴도 그 중의 하나다. 동굴 내부는 총 길이 8,928m, 폭 2~23m, 천장 높이 2~30m로 용암동굴로서는 세계 최고의 규모다.

굴 안으로 들어서면 조금 습하기는 하지만 연중 11~21℃를 유지할 정도로 시원하며 무엇보다 용암동굴의 특징인 용암석주를 비롯하여 용암교, 용암선반, 돌거북 등이 자칫 지루할 수 있는 용암동굴 관람을 즐겁게 해주고 있다.

오래 전부터 제주 주민들 사이에서는 '만쟁이굴' 이라는 속칭으로 불려왔다. 일반에게 널리 공개된 것은 1958년 이후부터였고 1970년 3월 천연기념물 제98호로 지정 보호되고 있다. 내부에는 박쥐를 비롯하여 땅지네, 농발거미, 굴꼬마거미, 가재벌레 등의 동굴 생물이 서식하고 있으며 남조류 및 녹조류의 식물도 찾아볼 수 있다.

여행메모

교통안내 제주시에서 일주도로(12번)를 이용 동쪽으로 진행. 김녕해수욕장 약 2km 지난 위치에서 이정표 따라 우회전 후 약 2.5km 전방

입 장 료 성인 2,200원
청소년, 어린이, 군경 1,100원
노인 무료

관람시간 하절기(3월~10월) 09:00~18:00
동절기(11월~2월) 09:00~17:00

문의전화 064)783-5412, 783-4818

김녕사굴 만장굴 인근의 김녕사굴은 길이 약 700m 가량의 S자형 용암동굴로 원래는 만장굴과 연결된 하나의 동굴이었으나 중간 부분이 함몰되어 자연 분리되었다. 동굴의 내부형태가 뱀처럼 생겼다고 해서 사굴(蛇窟)로 불리며 뱀과 관련된 전설이 내려오기도 한다.

옛날 이 굴에는 거대한 구렁이가 살면서 농사를 망치고 요사스러운 일을 일으켰다고 한다. 마을사람들은 화를 면하기 위해 해마다 음식을 마련하고 15세에서 16세의 처녀를 제물로 바쳐야만 했는데 조선조 중종 10년 서린이라는 사람이 제주 판관으로 부임하여 이 이야기를 듣고 크게 화를 내고 군사 수십 명을 이끌어 굴에 당도해 제사를 지내는 척 하다가 괴물이 나타나자 칼로 찔러 없애버렸다고 하며 그 후로 마을이 평안해졌다고 한다. 하지만 현재 김녕사굴은 붕괴의 위험 때문에 일반에게는 공개되지 않는다.

김녕미로공원

―숨은 길 찾아가기

이곳은 전체적으로 제주의 해안선 모양을 본떠 만든 미로공원이다. 제주에서 30년 째 살고 있는 미국인 '프레드릭 H 더스틴(Fredric H. Dustin)'이 자신이 평생 모아온 1억원 가량의 사제를 털어 조성했으며 디자인은 세계적인 미로 디자이너 '에드린 피셔(Agrian Fisher)'가 했다.

'랠란디'라는 나무 울타리의 총 연장선은 1,050m이고 입구에서 출구까지의 최단코스는 350m지만 출구를 찾아 나오는 것이 생각처럼 쉽지 않다. 방향감각과 운이 따른다면 10분만에 출구를 찾을 수도 있지만 한번 헤매기 시작하면 30분이 넘도록 미로 안에서 나오기 힘들다. 돌고 돌아도 이미 지나쳤던 길이 다시 나타나기 때문이다. 결국 출구 찾는 것을 포기하고 입구에서 주었던 지도를 보고 찾아나가는 사람도 적지 않다.

가족이나 친구들끼리 편을 나누어 누가 먼저 출구를 찾는지 내기를 해보면 어떨까? 맑은 공기와 녹색 숲 속에서 신기하고도 즐거운 추억을 만들 수 있을 뿐 아니라 입구를 쉽게 찾지 못한다고 해도 나무 울타리 안에서 오래도록 걷는 것은 색다른 체험이 될 것이다.

> **여행메모**
>
> **교통안내** 제주시에서 일주도로(12번)를 이용 동쪽으로 진행. 김녕해수욕장 약 2km 지난 위치에서 만장굴 이정표 따라 우회전 후 약 2.2km 전방. 만장굴 바로 직전에 위치
>
> **입 장 료** 성인 3,000원
> 청소년 및 군인 1,500원
> 어린이 500원
> 노인 및 장애인 무료(3인 미만 가족 한정)
>
> **관람시간** 하절기(3월~11월) 08:30~18:00
> 동절기(12월~2월) 08:30~17:00
>
> **문의전화** 064)782-9266
>
> www.jejumaze.com

비자림

-원시림 속에서 삼림욕

제주 삼림욕장의 원조라고 할 수 있는 비자림은

단일 수종으로 이루어진 숲으로는 세계 최대 규모를 자랑한다. 주목과에 속하는 비자나무는 1년에 1.5cm 가량밖에 자라지 않기 때문에 나이테가 없는 것이 특징이고 15~20년 이상 자라야 비로소 열매를 맺는다. 종자는 약용으로 사용하며 목재는 질이 좋기 때문에 각종 가구자재뿐 아니라 바둑판으로서 특히 좋은 재목이다.

비자림에는 현재 300~600년생 비자나무가 약 2,500여 그루 자라고 있으며 이중 최고령목은 수령이 810년이나 되었으며 둘레 6m 높이가 14m에 이른다.

천연기념물 제374호로 지정 보호되고 있는 비자림은 상록수림이기 때문에 사철 푸른 삼림욕이 가능하며 비자림의 삼림욕은 혈관을 유연하게 하고 빠른 피로회복과 함께 인체리듬을 되찾아주는 효과가 있다고 한다.

싱그러운 녹음 속에서 산책로를 따라 걷다보면 어느새 원시림 속에 들어와 있다는 것을 깨닫게 된다. 제대로된 삼림욕을 즐기려면 두세 시간 정도 걸리는 코스를 따라 걸으면 되고 시간이 빠듯한 일정이라면 30분 가량 걸리는 짧은 코스도 있다.

여행메모

교통안내 제주시에서 일주도로(12번)를 이용 성산 방향으로 진행. 평대리에서 1112번도로를 이용 우회전 후 약 5km 전방.

입 장 료 성인 1,600원
청소년, 군경, 어린이 880원
노인 및 장애인 무료

주차요금 승용차 800원, 승합차 1,000원

관람시간 하절기(3월~10월) 09:00~18:00
동절기(11월~2월) 09:00~17:00

문의전화 064)783-3857

산굼부리

-백록담보다도 큰 분화구

제주에는 360여 개의 기생화산이 있으나 산굼부리를 제외한 대부분의 화산은 둥그런 언덕 형태의 분석구(噴石丘)로 이들의 높이는 100m 내외이다. 산굼부리는 해발 약 400m의 평지에 생긴 화구로서 깊이는 약 100m, 화구의 지름은 600~650m로 한라산 화구보다 약간 더 크고 깊다. 이런 화구의 생성과정은 화산이 분출할 때 가스만 터져 나오고 화산재 같은 물질은 분출되지 않은 것이 원인으로 세계적으로도 희귀한 화구다.

아무리 비가 많이 와도 물이 고이지 않는 분화구 안에는 일조량에 따라 난대와 온대성 식물이 공존하는 거대한 자연식물원이다. 서식하는 식물들은 가시나무, 서나무, 나도밤나무, 야생란, 양치류 등 420여 종에 이르며 각종 포유류와 조류, 파충류 등이 서식하는 것으로 알려져 있다.

거대한 산굼부리 분화구를 감상하는 것도 즐거운 일이지만 주변 경관 또한 뛰어나서 여행자들의 눈길을 사로잡고 있다. 멀리 한라산과 평원 속의 수많은 오름들이 때로는 실루엣으로 때로는 맑은 모습으로 광활하게 펼쳐지며 특히 가을이면 억새꽃 물결이 장관을 이룬다.

여행메모

교통안내　**제주시 출발:** 제주시에서 제1횡단도로(5.16도로)를 이용 서귀포 방향 진행. 약 16km 지점에서 1112번 도로를 이용 좌회전 후 약 7.2km 전방

서귀포시 출발: 일주도로(12번)를 이용 성산 방향으로 진행 후 남원에서 남조로(1118번)를 이용 좌회전. 1112번 도로와 만나는 교래 입구에서 1112번 도로를 이용 우회전 후 약 1.7km 전방

입 장 료　성인 2,000원/ 청소년 및 군경 1,000원/ 어린이 및 노인 1,000원

관람시간　하절기(7월 15일~8월 31일) 09:00~19:00

춘추기(3월~7월 14일/9월 1일~10월) 09:00~18:00

동절기(11월~2월) 09:00~17:00

문의전화　064)784-0959, 783-9900

소인국미니월드
− 세계의 명소를 한곳에

이곳에는 유럽, 아시아, 아프리카, 오세아니아, 북남미 등 전세계 건축물 중에 세계문화유산으로 등록되어 있거나 독특한 건축물 60여 개를 한자리에 축소해 놓은 곳이다. 이탈리아의 콜로세움, 프랑스의 에펠탑, 호주의 오페라 하우스, 태국의 방파인, 중국의 만리장성, 캄보디아의 앙코르 와트 등 흥미진진하고 이색적인 건축물은 어른아이 할 것 없이 관심을 불러일으키기에 충분하고 교육적인 효과도 얻을 수 있다.

하지만 일부 미니어처는 정밀감이 떨어지고 조잡한 것도 사실이어서 어른들에게는 실망감을 주기도 한다. 결국 안 보면 궁금하고 막상 들어가서 보면 조금 실망스럽고, 그래서 한번은 볼만하지만 두 번 갈 곳은 아닌 곳이 바로 소인국미니월드다. 더욱이 입장료도 턱없이 비싼 편이어서 가족 동반 여행일 경우 몇 만원의 입장료가 부담스러운 것이 사실이다.

여행메모

교통안내 **제주시 출발:** 제주시에서 제1횡단도로(5.16도로)를 이용 서귀포 방향 진행. 약 16km 지점에서 1112번 도로를 이용 좌회전 후 1118번 도로와 만나는 사거리에 위치

서귀포시 출발: 일주도로(12번)를 이용 성산 방향으로 진행 후 남원에서 남조로(1118번)를 이용 좌회전 후 1112번 도로와 만나는 사거리에 위치

입 장 료 (공항이나 관광지에서 배포하는 책자에 할인쿠폰이 있는 지 확인할 필요가 있으며 홈페이지에서도 할인쿠폰을 받을 수 있다)
성인 6,000원/ 중고생 및 군경 4,000원/
노인, 초등생, 장애인 3,000원/ 유아 및 유치원 2,000원

관람시간 (아래 시간은 개장과 매표 마감시간이며 매표 후에는 폐장과 상관없이 관람할 수 있음)
1월~3월 08:30~17:30, 4월~7월 08:30~18:30,
8월~10월 08:30~19:00, 11월~12월 08:30~17:00

문의전화 064)782-7720

www.jejuminiworld.co.kr

정석항공관

−항공의 변천사를 살펴본다

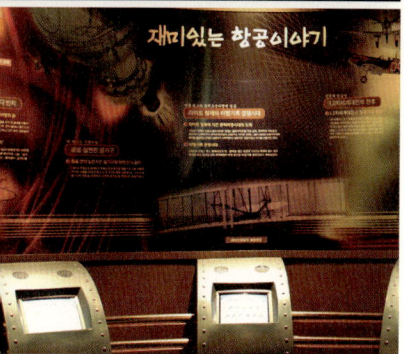

광활한 대지 위에 항공기 격납고 모양을 하고 있
는 이곳은 1993년 대전엑스포 당시 대한항공 측이 과학공원 안에
설치 전시했던 것을 이곳으로 이전한 것이다. 전시장 안에서는 국
내 최초로 360도로 펼쳐지는 입체화면 '서클비전'을 통해 세계 곳
곳의 아름다운 풍경과 이색적인 풍습을 상영하고 있다. 또한 각종
모형 비행기는 물론 대한항
공의 주력기종인 A-300기
의 실제 조종석을 옮겨놓아
미래항공관으로서의 면모
를 갖추고 있을 뿐 아니라
항공기와 항로의 발달사를
차근차근 살펴볼 수 있는
전시관이다.

여행메모

교통안내 **제주시 출발:** 제1횡단도로(5.16도로)를
이용 서귀포 방향으로 진행. 약 16km
지점에서 1112번 도로를 이용 좌회전.
산굼부리 지난 다음 이정표 따라 우회
전 후 약 4.5km 전방
서귀포시 출발: 중산간도로(16번)를 이용
동쪽 방향으로 진행 후 가시리마을에서
이정표 따라 진행. 약 4.5km 전방
(차량이 많이 다니는 큰 도로가 아니
므로 지도에 유념)

입장료 없음

관람시간 **개장 및 폐장** 09:00~17:00
영상물 상영시간 10:00, 11:00,
12:00, 14:00, 16:00

문의전화 064)784-5322

우도

– 한 달을 머물러도 아름다운 섬

제주도 동쪽 끝에 위치한 우도는 그 모습이 마치 소가 누워 있는 모습과 흡사하다고 해서 붙여진 이름으로 구좌읍 종달리 해변에서 바라보면 소의 머리부터 꼬리까지 길게 이어져 있는 섬의 독특한 형상을 한눈에 바라볼 수 있다.

섬에서 가장 높은 쇠머리오름(132m)에는 하얀 우도등대가 있으며 그 아래로 펼쳐진 구릉지대는 푸른 바다 향기가 머문 자리처럼 평온한 곳이다. 그곳에서 습기가 낮게 깔린 수평선을 바라보고 있으면 풀숲을 지나는 바람 소리조차 아득하게 들린다. 섬에는 두 개의 해수욕장이 있는데 하고수동해수욕장은 조금 단단하면서도 맑은 모래가 특징이고 산호사해수욕장은 하얀 산호가 부서져 형성된 해변이다. 우도 해변은 오염되지 않은 천혜의 자연 조건을 갖추고 있으며 물빛 또한 한여름의 맑은 하늘보다 아름다운 쪽빛이다.

섬의 아름다움은 영화 '화엄경'과 '시월애'를 통해서도 이미 널리 알려졌으며 고구마, 보리, 마늘 등이 자라는 농토의 돌담길은 제주의 옛 정취를 느끼기에 안성맞춤이다.

우도8경

* **주간명월(畫間明月)** 대낮에 굴속에서 달을 본다는 뜻으로 우도 남쪽 '광대코지'라는 암벽 밑 해식동굴 안 천장에 오전 10시에서 11시 사이가 되면 투명한 바다 위로 떨어진 햇살이 반사되며 그 빛이 달빛 같다고 해서 이르는 말이다.

* **야항어범(夜航漁帆)** 6, 7월의 여름밤이면 우도 인근 해안은 불야성을 이룬다. 이유는 멸치잡이 어선들의 휘황찬란한 불빛 때문이며 우도에서 놓칠 수 없는 밤 풍경이다.

* **천진관산(天津觀山)** 우도의 관문인 천진동 항구에서 바라보는 한라산의 정경을 이르는 말로 특히 일몰 시에 보이는 실루엣이 일품이다.

* **지두청사(地頭青莎)** 우도에서 가장 높은 우도봉(쇠머리오름)에 올라 바라보는 섬과 바다의 광활한 풍경을 이르는 말이다.

* **전포망도(前浦望島)** 우도팔경 모두가 우도에서 바라보는 풍경을 일컫는 말이지만 전포망도는 우도 앞 바다에서 우도를 바라보는 전경을 이르는 말로 구좌읍 종달리 해안에서 우도를 바라보면 물위에 소가 누워있는 듯하다고 한다.

* **후해석벽(後海石壁)** 우도 남쪽의 높이 20여 미터, 폭 30여 미터의 우도봉 밑 기암절벽의 웅장한 광경을 일컫는다. 오랜 세월 거친 바람과 성난 파도를 견디며 만들어진 석벽의 깊은 잔주름을 제대로 감상하기 위해서는 배를 타고 바다로 나가야 한다.

* **동안경굴(東岸鯨窟)** 검은 모래사장으로 유명한 검멀래 해안에 '콧구멍'이라는 동굴이 있다. 예전 고래가 살았다는 말도 전해지는 이 동굴은 밖에서 보기와는 다르게 안은 광장을 연상시킬 정도로 꽤 넓다.

* **서빈백사(西濱白沙)** 우도 서쪽의 하얀 산호가 모래처럼 부서져 생성된 해변은 동양에서는 유일한 산호해변이라고 한다. 이곳의 모래 산호들은 조금씩 자란다고 하는데 바다의 에메랄드빛과 어울려 감탄을 자아내게 한다.

우도박물관 우도 내에 폐교된 초등학교를 이용해 만들어진 우도박물관은 고생대, 중생대, 신생대의 화석들과 다양한 광물들을 전시하고 있는 공간이다. 또한 지구의 생성과 우주의 신비를 엿볼 수 있는 운석도 전시되어 있어 여행자들의 관심을 끌고 있다.

입 장 료 성인 4,000원/ 초중고 2,000원/ 어린이 무료
문의전화 064)784-7856

여행메모

교통안내 성산포항에서 우도 도항선을 이용. 보통 1시간 간격이며 약 15분 소요된다. 하지만 기상과 계절에 따라 운항 조건이 변경될 수 있으므로 전화 문의가 필요하다.
[11월~2월]
첫회: 성산발 08:00 우도발 07:30
마지막회: 성산발 17:20 우도발 16:50
[3월~10월]
첫회: 성산발 07:30 우도발 07:15
마지막회: 성산발 17:45 우도발 17:00
섬 내의 교통안내 가족 여행자라면 승용차를 배에 승선시키는 방법도 좋은 방법이지만 나홀로 여행자나 2인 정도의 일행이라면 승용차를 승선시키는 것보다 섬을 일주하는 관광버스를 이용하는 것도 좋다. 아니면 섬에서 자전거를 빌려 여유 있게 섬을 돌아보는 것도 추천할 만한 방법이다.

이용요금 **도항선**(우도로 들어가는 모든 여행자에게는 성인 1,000원 청소년, 학생, 군인 500원의 해양군립공원 입장료가 별도 포함된다)
대인 2,000원/ 소인 700원
차량운임료
이륜차 1,650원/ 국민차 8,800원/ 중소형 11,000원/ 대형 12,000원/ 승합차 11,000~27,500원
우도순환관광버스(배가 우도에 도착하는 시간에 맞추어 출발하며 섬의 주요 관광지를 도는데 소요되는 시간은 약 1시간 30분이다)
성인 4,000원/ 중고생 3,000원/ 초등생 및 유치원 2,000원/
자전거
1시간 2,000원
3시간 5,000원
1일 10,000원

문의전화 **성산항** 064)782-5671
우도항 064)783-0448
우도순환관광버스 064)783-2333, 782-6000
자전거 064)783-0516, 784-4646

성산일출봉

—바다 위로 솟아오른 거대한 화구

영주10경 중에 제1경으로 꼽히는 성산일출봉은

10만년 전, 분화구 중에서는 드물게 바다 속에서 수중 폭발한 화구이다. 일출봉 정상에는 지름 600m에 면적이 8만여 평에 달하는 분화구가 자리하고 있으며 가장자리는 99개의 날카로운 봉우리로 둘러싸여 있다.

바다 위로 우뚝 솟은 거대한 일출봉 자체만으로도 훌륭한 볼거리지만 성산일출봉의 백미는 역시 이곳에서 맞이하는 일출이다. 해가 떠오르기 전 아직은 어둠이 깔린 계단을 힘겹게 오를 때는 숨이 턱까지 막힐 정도로 힘이 들지만 정상에 올라서서 해가 뜨기를 기다릴 때는 가슴이 두근거릴 정도로 설렌다. 물론 수평선 바로 위로 이글거리는 태양이 떠오르는 일출을 보기 위해서는 각별한 행운이 필요하지만 수평선 근처의 낮게 깔린 구름 위로 떠오르는 태양만으로도 충분히 아름답고 감동적이다.

봉우리 정상까지 올라가는 등반길에는, 말을 타지 않고도 하루에 천리를 달리며 활을 쏘지 않고도 요술로 적장의 투구를 벗길 수 있는 능력을 갖고 있다는 '등경돌바위'와 제주도의 동쪽을 지키는 장군바위 중에서 가장 지위가 높다는 '장군바위', 세 번째로 지위가 높다는 '초관바위' 등 갖가지 전설을 갖고 있는 바위들이 솟아 있다.

정상에서는 역시 끝없이 펼쳐진 탁 트인 바다와 성산 주변의 해안마을들을 시원하게 감상할 수 있다.

여행메모

교통안내 일주도로(12번)의 가장 동쪽 끝에 위치. 거리는 서귀포시와 제주시에서 모두 약 49km
입 장 료 성인 2,200원
청소년, 군경, 어린이 1,100원
노인 무료
문의전화 승용차 800원/ 승합차 1,000원
관람시간 일출 이전부터 일몰까지
문의전화 064)784-0959, 782-3996

173

섭지코지

−드라마 '올인'의 촬영지

선풍적인 인기를 모았던 드라마 '올인'의 촬영지로 알려지면서 더욱 많은 관광객이 찾고 있는 섭지코지는 기암절벽의 해안과 검푸른 바다, 드넓은 초원이 어우러진 제주의 손꼽히는 비경 중 하나이다. 봄에는 들판 가득 유채꽃이 피어나고 여름에는 푸른 초원이 펼쳐지는 섭지코지는 바닷가에 세워진 하얀 등대와 바다 건너 성산일출봉이 손에 잡힐 듯 펼쳐져 있어 수채화보다도 아름다운 모습을 보여준다.

섭지코지에 얽힌 전설에 의하면 옛날 이곳은 선녀들이 목욕을 하던 곳이었다고 한다. 어느 날 용왕의 막내아들이 목욕하는 선녀에게 반해 용왕에게 선녀와 혼인하고 싶다고 간청하였더니 용왕은 100일 동안 정성을 다하여 기다리면 선녀와 혼인을 시켜주겠다고 약속했다. 그러나 100일째 되던 날 바람이 거세고 파도가 높게 일어 선녀는 내려오지 않았고 용왕은 막내아들에게 너의 정성이 부족하여 하늘이 너의 뜻을 이루지 못하게 한다고 말했다. 이에 막내아들은 슬픔에 젖어 선 채로 굳어서 섭지코지의 바위가 되었다고 한다. 지금도 그가 굳어서 바위가 되었다는 바닷가의 기둥 바위에는 그가 흘린 눈물 자국이라는 하얀 자국이 남아있다. 하지만 이런 아름다운 전설과는 다르게 하얀 자국들은 갈매기들의 배설물이라고 한다.

여행메모

교통안내 섭지코지는 해안마을 안쪽에 위치해 있기 때문에 이정표를 눈여겨보지 않으면 그 입구를 찾지 못하는 경우가 종종 발생한다. 일주도로(12번)의 동쪽 끝 지점인 신양리에서 섭지코지와 신양해수욕장을 가리키는 이정표를 따라 마을로 진입하여 콘크리트 포장 도로를 이용 끝까지 진입하면 된다.

입장료 없음

신양해수욕장

–무인도 같은 해변

섭지코지의 길목에 위치한 신양해수욕장은 타원형 모양의 둥근 해변으로 비교적 여행자들의 발길이 적은 곳이다. 하지만 백사장의 길이가 300m에 이르며 수심도 깊지 않아 가족 동반 여행객들에게 추천할 만하며 한가롭고 조용한 분위기를 즐기고픈 사람들에게 권하고 싶다. 마을과 조금 떨어져 있지만 이것이 오히려 장점이 되며 민박과 야영이 모두 가능하다.

무엇보다 바다 건너에 성산일출봉이 병풍처럼 펼쳐져 있어 어느 해수욕장에 비교해도 뒤지지 않는 전경을 자랑하며 수온, 수심, 풍향, 지형조건 등이 윈드서핑의 최적지로 마니아들이 즐겨 찾는 곳이다.

여행메모

교통안내 해안마을 안쪽에 위치해 있기 때문에 이정표를 눈여겨보지 않으면 그 입구를 찾지 못하는 경우가 종종 발생한다. 일주도로(12번)의 동쪽 끝 지점인 신양리에서 섭지코지와 신양해수욕장을 가리키는 이정표를 따라 마을로 진입하여 콘크리트 도로를 진행하다 보면 마을이 끝난 후에 나타난다.

이용요금 샤워실 및 탈의실 1인 800원
야영장 2,000원

혼인지

−전설이 숨쉬는 습지

혼인지는 제주의 개벽신화에 등장하는 '삼신인' 이 벽랑국의 세 공주를 맞이하여 혼례를 올린 곳이다. 삼신인은 공주들이 가져온 함 속에서 나온 송아지와 망아지를 기르고 오곡의 씨앗을 뿌려 태평한 생활을 누렸으며 이때부터 농경생활이 시작되었다고 한다. 혼인을 위하여 목욕하였던 연못과 혼인 후 신방을 꾸렸다고 전해지는 동굴이 그대로 남아있으며 주변은 푸른 나무숲으로 둘러싸여 한적하고 평화롭다.

> **여행메모**
>
> **교통안내** 일주도로(12번) 동회선을 이용 제주시에서 약 50km, 서귀포시에서 약 40km 지점인 온평리에서 내륙 방향으로 약 800m 지점이며 진입로가 넓지 않으므로 이정표를 잘 살펴야 한다.
>
> **입 장 료** 없음

일출랜드, 미천굴
–다양한 체험이 가능한 휴식공간

일출랜드라는 이름만으로는 마치 이곳이 멋진 일출을 볼 수 있는 포인트라고 착각할 수도 있지만 실은 일출과는 무관한 종합휴식공간이다. 5만여 평의 넓은 대지에 연못과 작은 폭포, 아열대 산책로와 동백동산, 잔디광장, 선인장하우스 등 자연과 함께 할 수 있는 다양한 시설들이 들어서 있으며 아트센터에서는 도자기체험, 염색체험, 칠보공예체험 등의 프로그램을 운영하고 있다. 아름다운 경치 구경에 조금 지쳤다면 이곳에서 실행하고 있는 체험 프로그램에 참여해서 작은 소품 하나씩을 만들어 보는 것도 색다른 추억이 될 것이다.

또한 일출랜드를 유명하게 만든 것은 바로 미천굴 때문일 것이다. 미천굴은 제주에 흔하게 분포되어 있는 용암동굴로 총 연장이 1.7km지만 일반에게 공개되고 있는 구간은 365m이다. 용암선반과 용암교, 종유석, 석순, 동굴연못 등 화산동굴이 갖고 있는 독특한 멋을 골고루 갖추고 있는 동굴이다.

여행메모

교통안내 서귀포시에서 일주도로(12번)를 이용 동쪽으로 진행. 표선에서 97번 도로를 이용해 성읍민속마을까지 진행 후 중산간도로(16번)를 타고 우회전 후 약 5km 전방

입 장 료 성인 4,500원
청소년 3,500원
어린이, 국가유공자, 장애인 2,500원
소년소녀가장 무료

관람시간 하절기(6월~8월) 08:00~19:30
동절기(12~2월) 09:00~18:00
봄, 가을(3월~5월, 9월~11월)
08:30~18:30

문의전화 064)784-2080
www.ilchulland.com

표선해수욕장

-축구장보다 넓은 백사장

표선해수욕장의 특징은 뭐니 뭐니해도 드넓은 백사장일 것이다. 썰물 때의 백사장은 끝이 보이지 않을 정도로 넓으며 밀물 때는 백사장의 경사가 완만해서 10분을 걸어가도 수심 1m가 넘지 않는 안전한 해수욕장이다.

독특한 질감의 백사장 모래는 모래찜질용으로 최고여서 신경통으로 고생하는 사람들에게 인기다. 남쪽 해안 마을에는 포구가 있어 낚시를 즐기는 강태공이 많이 몰리며 팔뚝만한 숭어가 노니는 것이 육안으로도 확인될 정도로 맑고 깨끗한 수질을 자랑한다.

서쪽 풀밭 언덕에서 푸른 하늘 밑으로 아름답게 빛나는 해변을 바라보고 있으면 물에 들어가지 않아도 마음까지 파랗게 물드는 것 같다. 또한 운이 좋다면 해변에서 아름다운 일출을 감상할 수도 있다.

여행메모

교통안내 서귀포시에서 일주도로(12번)를 이용 성산 방향으로 진행. 표선까지는 약 40분 소요. 주의해야할 것은 표선 바로 직전에 성산으로 향하는 우회도로(12번)와 표선 마을 안으로 들어가는 갈림길에서 시내로 들어가는 우측 도로를 이용해야 한다.

편의시설 야영장, 주차장, 공중화장실, 탈의장, 샤워장

제주민속촌박물관

–제주의 옛 생활 풍습을 엿본다

제주도는 내륙 그 어느 지방과 비교될 수 없는 독특한 문화를 간직하고 있던 섬이다. 기후가 다르고 토양이 다르고 생활수단 또한 많이 달랐다. 제주민속촌박물관은 인위적이라는 느낌이 있기는 하지만 5만여 평의 광활한 대지 위에 제주의 옛 모습을 옮겨 놓아 19세기의 제주 모습을 한눈에 살펴볼 수 있도록 조성한 공간이다.

어촌, 중산간 마을의 부락, 무속신앙촌 등 100여 채에 달하는 전통 가옥은 물론이고 조선시대의 목사청, 작청, 향청 등 지방관

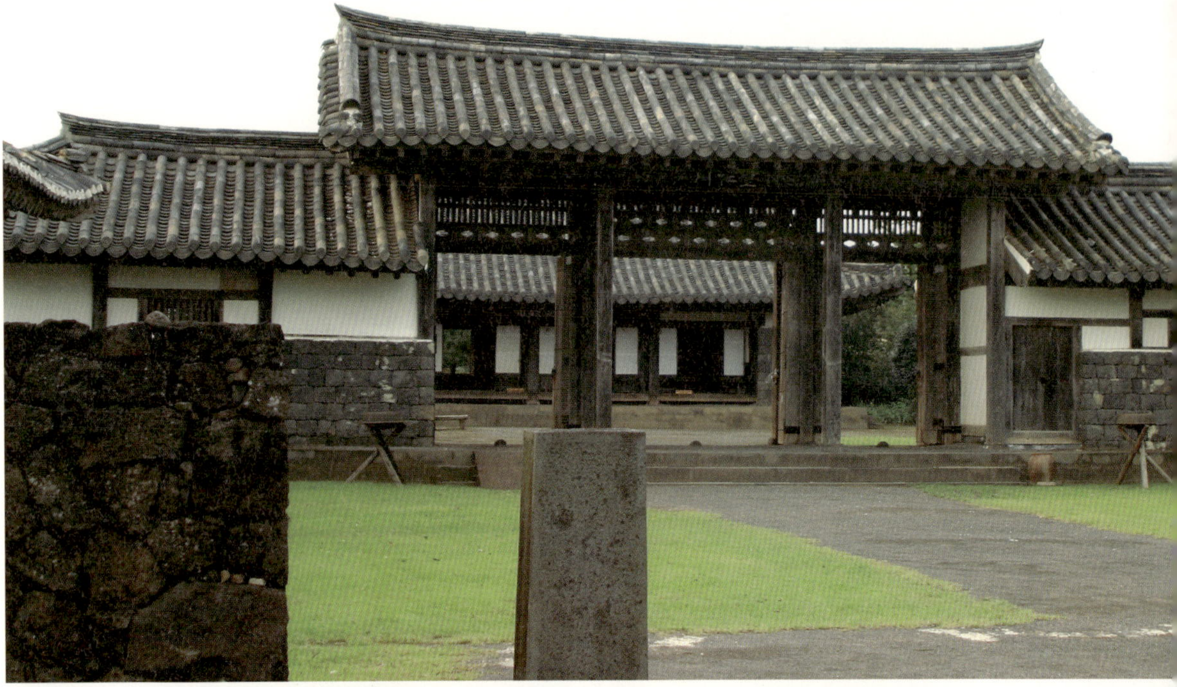

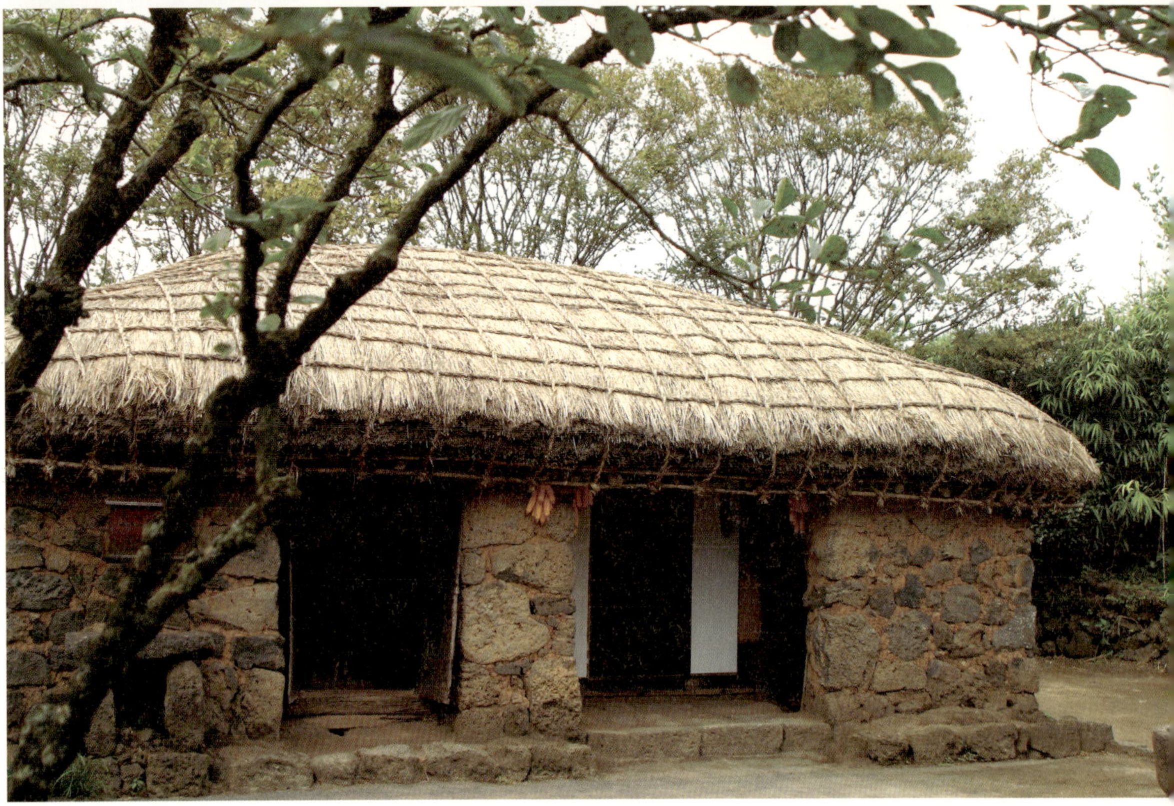

아 또한 철저한 고증을 통해 재현해 놓았다. 이들 건축물들 중 상당 부분은 당시의 건물을 그대로 옮겨 복원한 것이다.

또한 무형 문화재로 지정된 민속공예 장인들의 솜씨를 관람할 수도 있으며 야외공연장에서는 하루에 3~4차례 풍물패로 이루어진 민속공연을 실시하고 있다.

관람객의 편의를 위해 무료 운행하는 트램카는 자칫 지치기 쉬운 여행자들의 발걸음을 쉽게 해주는 배려이며 자동음성 안내시스템(Audio Guide)을 실시하고 있어 더욱 상세한 정보를 얻는 것은 물론 학습효과까지 높일 수 있다.

여행메모

교통안내 서귀포에서 일주도로(12번)를 이용 동쪽 방향으로 진행. 약 40분 거리. 표선해수욕장 서쪽 해안에 인접해 있음

입 장 료 성인 6,000
청소년 및 군경 4,000원
어린이 및 노인 2,000원

관람시간 10월 1일~3월 30일 08:30~17:00
4월 1일~7월 20일 08:30~18:00
7월 21일~8월 31일 08:30~18:30
9월 1일~9월 30일 08:30~18:00

문의전화 064) 787-4501~2
www.jejufolk.com

성읍민속마을
–자연미 넘치는 전통마을

의 집

성읍민속마을은 사람들의 생활터전이 그대로 유지되고 있는 민속마을이다. 옛 생활공간과 현재의 생활공간이 어수선하게 뒤섞여 있어 조금 어수선하기도 하지만 19세기 제주의 모습을 제대로 복원한 표선 제주민속촌박물관의 인위적인 정경이 마음에 들지 않는 여행자라면 가볼 만하다.

1984년 국가지정중요민속자료 제188호로 지정된 이곳 마을에는 가옥 전체의 공간 처리와 울타리의 경관 조화가 잘 보존된 제주의 대표적 민가들이 남아 있으며 조선시대 정의현감이 집무하던 곳으로 현재의 군청과 같은 기관인 일관헌, 왜구의 침입을 막기 위하여 조선 세종 때 축성된 길이 1,100m의 성곽, 중요한 민속자료인 돌하르방 등 제주 옛 마을의 모습을 잘 간직한 제주의 대표적 민속마을이다. 마을을 관통하는 도로 중앙에는 천연기념물 제161호인, 수령이 무려 1,000년으로 추측되는 느티나무와 600년생 팽나무가 버티고 있어 마을의 깊은 뿌리와 전통을 엿볼 수 있다.

마을을 제대로 감상하기 위해서는 산보하는 마음으로 여유를 갖고 골목 구석구석을 돌아다니는 것이 좋다. 곳곳에 가옥이나 건축물에 대한 안내문이 있으므로 꼼꼼히 읽어보면 이해에 큰 도움이 된다. 성곽의 망루에서 바라보는 마을 초가 지붕들의 곡선미는 참으로 아름답다.

마을 젊은이들이 제주 민속에 대한 안내를 무료로 해주며 안내 말미에는 몇 가지 토산품을 소개하며 구입을 권하고 있지만 강매가 아니기 때문에 부담을 가질 필요는 없다.

여행메모

교통안내 서귀포시에서 일주도로(12번)를 이용 성산 방향으로 진행. 표선에서 동부관광도로(97번)를 이용 좌회전 후 약 8km 전방

입 장 료 없음

신영영화박물관
– 영화의 모든 것이 한자리에

남원 해안가에 위치한 신영영화박물관은 이국적인 하얀 건물로 여행자의 눈길을 사로잡기에 충분하다. 6, 70년대 은막의 스타였던 신영균 씨가 건립한 박물관은 의외로 탄탄하고 짜임새 있는 내용으로 관람자들을 감동시킨다. 지하에는 영화소품으로 사용되었던 각종 민속의상들과 단편영화나 화제작을 상영하는 씨네극장이 들어서 있으며 1층에는 영화의 역사를 비롯해 특수효과촬영에 대한 자료와 각종 영상 기자재들이 전시되어 있다. 영화의 완성도를 높이는 특수분장 과정과 촬영 과정들을 영상과 소품을 통해 생동감 넘치게 보여주고 있으며 애니메이션 제작 과정도 첨단 장비를 통해 시연하고 있다.

　2층에서는 방송이나 영화의 한 장면에 직접 출연해 보는 체험실과 6채널 사운드 믹싱 과정을 보여주는 최첨단 사운드 체험실이 있어 이용객들에게 즐거움을 선사한다.

　야외 전시공간은 3만여 평의 공원에 야자수와 카나리아 등 아열대 식물이 심겨져 있어 이국의 정취를 더하는 가운데 영화의 명장면을 보여주는 포스터가 설치되어 있다. 산책로는 '큰엉해안경승지'와 연결되어 있어 시원하고 상쾌한 바닷바람을 마시며 연인과 함께 하기에 으뜸이다.

큰엉해안경승지

－놓칠 수 없는 해안절경

'큰엉'은 '큰 바위가 바다를 집어삼킬 듯이 입을 크게 벌리고 있는 언덕'이라 해서 붙여진 이름이다. 약 200m 가량 펼쳐진 기암절벽은 섭지코지와 비교해도 뒤지지 않는 절경이며 해안을 따라 설치된 산책로도 아기자기하게 잘 정비되어 있다.

울퉁불퉁한 검은 암벽을 향해 때로는 거칠게, 때로는 부드럽게 부딪히는 파도는 도시의 묵은 때를 벗겨내기에 충분하며 넘실대는 수평선 너머에서 불어오는 바람은 세상의 모든 시름을 잊게 한다. 물 또한 맑아서 하얗게 부서지는 물거품 사이사이로 쪽빛과 옥빛이 교차하며 아름다움을 뽐내고 있으며 근처에는 암벽에서 낚시를 즐기는 사람들의 모습도 어렵지 않게 발견할 수 있다.

제주를 여행하면서 남원은 한 번 이상은 꼭 지나게 되는 곳이므로 시간을 내서 들러보기를 권한다.

> **여행메모**
>
> 교통안내 서귀포시에서 일주도로(12번)를 이용 성산 방향으로 진행. 남원읍내 해안에 위치. 신영영화박물관 뒷편 해안가 입장료나 제한된 관람시간은 없다.

김영갑갤러리

-절망마저 아름다운 갤러리

그의 사진을 아끼는 사람들을 통해 조금씩 알려지기 시작한 김영갑갤러리는 최근 그의 힘겨운 삶이 매스컴을 통해 보도되면서 좀더 많은 사람들이 찾고 있는 곳이다. 15년을 한결같이 제주의 오름과 바다만을 찍어왔던 작가의 열정은 전시관에 걸린 작품을 통해서 낱낱이 드러나고 있다. 숨소리조차 멈추게 하는 그의 작품들을 보고 있으면 그의 작품 주제는 오름과 바다가 아니라, 어쩌면 산다는 것 자체가 외로움이란 것을 일깨워 주는 가르침일지도 모른다는 생각이 든다.

안타까운 일은 99년 근육이 사라지는 희귀한 루게릭병에 걸려 작가는 더 이상 작품활동이 어렵다는 것이다. 무거운 카메라 장비를 들고 광활한 오름과 푸른 바다 곳곳을 찾아다니기에는 그의 병색이 점점 짙어가고 있기 때문이다.

오랜 노력 끝에 성산읍 삼달리의 한 폐교를 개조해 만든 그의 갤러리에서 여행자들은 눈으로 본 제주보다 더 아름다운 제주를 발견하게 될지도 모른다.

여행메모

교통안내 서귀포시에서 일주도로(12번)를 이용 성산 방향으로 진행. 표선을 넘어 5분 정도 달리면 우측으로 '우물안개구리'라는 목재 건물 레스토랑 사거리가 나오고 그 다음 사거리에서 좌회전할 수 있는 좁은 도로가 나온다. 이곳에서 좌회전 후 800여 미터 정도 들어가면 좌측에 위치

입 장 료 없음

관람시간 10:00~18:00
(계절에 따라 다소 차이가 있음)

문의전화 064)784-9907

www.dumoak.co.kr

어디 에서 묵을까?

【아름민박】
표선해수욕장과 제주민속촌박물관이 인접해 있으며 훌륭한 시설은 아니지만 저렴한 숙소를 원하는 학생들이나 알뜰 여행자들에게 추천할 만한 곳이다. 특히 여름 시즌에도 변하지 않는 숙박요금은 해수욕장을 찾는 여행자에게는 매우 큰 장점이 아닐 수 없다. 1층에는 식당도 함께 운영하고 있다.

요금 _ 20,000원
전화 _ 064)787-4332
주소 _ 남제주군 표선면 표선리 40-56

【맘모스빌리지】
남원을 지나 표선으로 이어지는 해안도로에 위치해 있어 드넓은 제주 남쪽 바다가 시원하게 펼쳐진 뛰어난 경관을 자랑하는 곳이다. 정원은 언뜻 바닷가가 아니라 정글을 연상시키는 모습이며 넓은 발코니에서 맞이하는 아침 햇살이 매우 싱그럽다. 목조 건축물이라 더욱 이국적이면서도 편안한 분위기를 연출한다.

요금 _ 비수기 70,000원
　　　성수기 120,000원
전화 _ 064)787-4113
주소 _ 남제주군 표선면 표선리 1282-5
www.mammothvillage.co.kr

【JN ville】
남원 신영영화박물관 인근에 위치한 이곳은 수입목으로 만든 통나무 주택형이다. 9평형, 12평형, 17평형, 22평형 등으로 다양한 크기의 객실을 갖추고 있으며 모두 독립된 구조이다. 숙소 주인의 어머님이 해녀라는 장점을 이용해 조식으로 전복죽을 무료로 제공하며 성게가 들어가서 식당에서 맛보는 전복죽보다 훌륭하다.

요금 _ 비수기 60,000원~140,000원
　　　성수기 90,000원~200,000원
전화 _ 064)764-2103
주소 _ 남제주군 남원읍 남원리 2355-4
www.jnville.co.kr

【해변하우스】
제주를 대표하는 3대 해수욕장의 하나인 함덕해수욕장에 위치한 이곳은 가정집에서 운영하는 민박집으로 가격이 저렴한 편이다. 마당이 넓은 것이 장점이며 시야도 시원하게 트여 있다. 가격은 2인1실 기준이며 성수기와 비수기가 동일하다.

요금 _ 25,000원
전화 _ 064)783-9685
주소 _ 북제주군 함덕리 산14

194

【하림가든】 펜션보다는 가정집 민박이 많은 함덕해수욕장에서 기본적인 시설을 갖춘 중급 이상의 숙박시설을 원하는 여행자에게 적합한 곳이다. 객실은 8평형, 10평형, 12평형, 16평형으로 나뉘어 있으며 16평형만이 2개의 방이 포함되어 있고 나머지는 원룸형이다. 전 객실이 바다를 향해 있다는 것도 장점이다.

요금 _ 비수기 60,000원~120,000원
　　　　성수기 100,000원~160,000원
전화 _ 064)782-1700
주소 _ 북제주군 함덕리 1252-38

【오아시스】 12평형, 13평형, 30평형의 객실을 갖추고 있으며 김녕해수욕장으로 이어지는 해안도로에 접해있다. 12평형과 13평형은 원룸이며 온돌과 침대 중 선택이 가능하며 30평형은 3개의 방을 포함하고 있다. 요금은 30평형이 10인 기준, 나머지는 4인 기준이다.

요금 _ 비수기 60,000원~120,000원
　　　　성수기 120,000원~240,000원
전화 _ 064)783-5048
주소 _ 북제주군 김녕리 485

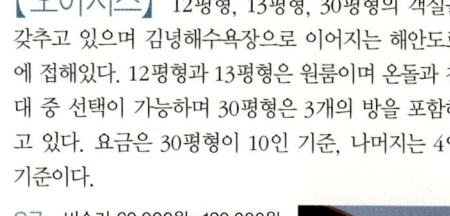

【시실리펜션】 고품격 펜션을 지향하는 이곳은 김녕해수욕장과 함덕해수욕장을 잇는 해안도로에 위치해 있으며 넘실대는 바다가 한눈에 들어오는 곳이다. 객실은 원룸과 스위트룸 2가지이며 백색톤으로 이루어진 깔끔한 인테리어를 보여주고 있다. 원룸은 2인 기준, 스위트룸은 6인 기준 요금이다.

요금 _ 주중 80,000원~140,000원
　　　　주말 및 성수기
　　　　120,000원~200,000원
전화 _ 064)783-2887
주소 _ 북제주군 구좌읍 동복리 671
www.sisillipension.com

【해맞이】 성산일출봉의 찬란한 일출을 보고 싶은 여행자라면 성산에서 숙박업소를 정해야 할 것이다. 이곳은 성산일출봉과 인접해 있으며 객실은 8평형, 20평형 2가지다. 특히 20평형은 2개의 방이 포함되어 있고 욕실도 분리되어 있어 가족 여행자나 일행이 많은 여행자들에게 편리하며 아름다운 바다가 코앞에 펼쳐져 있어 전망도 좋다.

요금 _ 비수기 40,000원~90,000원
　　　　성수기 60,000원~130,000원
전화 _ 064)784-5225
주소 _ 남제주군 성산읍 성산리 252-7
www.jejuhmj.com

【제주민박】 모든 객실은 11평형으로 일반적인 가정집 민박보다는 시설이 훌륭한 편이다. 위치 또한 김녕해수욕장에 인접해 있어 해변 마을에서 조용하게 쉬거나 여름 피서지로 해변을 선택한 여행자 중 저렴한 숙박지를 찾는 알뜰파에게 권할만하다. 가격도 시설과 위치에 비해 저렴한 편이다.

요금 _ 비수기 30,000원
　　　　성수기 60,000원
전화 _ 064)782-3336
주소 _ 북제주군 김녕리 1262

【보물섬】 8평형, 17평형 2가지 객실로 이루어진 이곳은 성산일출봉이 근접해 있는 것은 물론이고 성산 갑문 쪽을 향한 전망이 매우 좋은 편이다. 여름에는 아담한 해수풀장을 운영하기 때문에 가족 여행자에게도 안성맞춤이며 8평형은 2인 기준, 17평형은 4인 기준 요금을 받고 있다.

요금 _ 비수기 50,000원~90,000원
　　　　성수기 70,000원~120,000원
전화 _ 064)784-0039
주소 _ 남제주군 성산읍 성산리 252-1
www.jejubms.com

서부지역

【섬풍경리조트】 이국적인 지중해풍 건축물이며 실내 인테리어 역시 벽지가 아니라 페인트칠이 되어 있어 독특하면 서도 깔끔하고 세련된 곳이다. 작지만 아이들을 동반한 가족 여행자를 위한 실외 풀장이 있으며 전체적인 시설이 훌륭해서 신혼여행객들에게도 적극 추천할 만한 곳이다. 원룸형과 20평 형, 30평형이 있으며 20평형은 6인까지 30평형은 10인까지 추가요금 없이 숙박이 가능하다.

요금 _ 원룸 70,000원/20평형 120,000원
　　　　30평형 180,000원 (비수기에 할인 가능)
전화 _ 064)772-3651
주소 _ 북제주군 한경면 고산리 3585　www.sumresort.co.kr

【오션하우스】 용머리해안이 한눈에 내려다보이는 산방 산 아래 위치한 오션하우스는 세련된 네덜란드풍 펜션이다. 잔 디밭 정원과 이국적인 인테리어가 잘 어울리는 곳으로 허니문 이나 가족 여행객들 모두에게 알맞은 다양한 객실을 보유하고 있다. 복층 구조의 30평형은 단체 여행객들에게 안성맞춤이며 훌륭한 발코니에서 제주의 멋진 바다를 즐길 수 있다.

요금 _ 비수기 80,000원~160,000원
　　　　성수기 120,000원~220,000원
전화 _ 064)792-4540
주소 _ 남제주군 안덕면 사계리 123　www.oceanhousejeju.com

【해조대민박】 제주를 찾은 이유가 오로지 해변에서 휴 가를 즐기려는 것이 목적인 여행자에게 추천할 만한 곳이다. 방의 크기는 고시원을 연상시킬 정도로 비좁지만 계단을 내려 가면 제주에서 가장 뛰어난 해변인 협재해수욕장 백사장을 밟 을 수 있는 최고의 위치를 자랑하는 곳이다. 또한 넓은 발코니 도 매우 매력적이다.

요금 _ 비수기 40,000원/ 성수기 100,000원
전화 _ 064)796-8010
주소 _ 북제주군 한림읍 협재리 2446-3

【옹포별장가든】

이곳이 문을 연 것은 1950년부터다. 제주를 찾았던 여러 역대 대통령들마저도 이곳을 찾았을 정도로 이곳에서 맛볼 수 있는 토종 흑돼지의 맛은 과히 일품이다. 밑반찬으로 제공하는 선인장 김치도 손님들에게 사랑 받고 있으며 닭과 꿩요리 또한 빼놓을 수 없는 요리들이다.

구분 _ 토종흑돼지 및 꿩요리
전화 _ 064)796-3146
주소 _ 북제주군 한림읍 옹포리 264

【산바다】

화순에서 산방산 방향 진입로에 위치한 이곳은 흑돼지구이와 갈치요리, 해물전골 등을 맛볼 수 있는 곳이며 무엇보다 육수에 살짝살짝 익혀 먹는 돼지샤브샤브는 돼지 목살을 이용하기 때문에 감칠맛이 뛰어나다.

구분 _ 흑돼지요리
전화 _ 064)794-6571
주소 _ 남제주군 안덕면 화순리 1836-11

【차귀도해녀횟집】

해녀횟집 모두가 마을 해녀들이 직접 채취한 해산물을 판매하는 곳이기 때문에 싱싱한 해산물을 값싸게 맛볼 수 있는 장점이 있는 반면 메뉴가 다양하지 못한 단점을 갖고 있는 것도 사실이다. 하지만 이곳 해녀횟집에서는 비교적 다양한 요리들로 손님들의 입맛을 충족시켜 준다.

구분 _ 해녀횟집
전화 _ 064)772-4974
주소 _ 차귀도 부두에 위치

곽지해수욕장의 백사장은 탈색이라도 한 것처럼
하얗고 폭신한 촉감이 느껴질 정도로 곱다. 뒤쪽으로는 낮은 언덕
이 완만하게 들어서 있어 아늑한 분위기를 연출하고 있으며 해안
은 에메랄드빛 바다와 검은 바위가 어우러져 다채로운 모습을 보
여주고 있다.

이곳의 모래가 유난히 곱고 하얀 이유는 조개가 오랜 세월 부서
져 가루로 변했기 때문이다. 특히 백사장 한쪽에 자리한 자연 용
천수는 곽지해수욕장의 자랑거리다. 여름이면 물이 더욱 차고 시
원하며 주변은 검은 현무암 바위로 울타리를 쳐놓아서 수영 후에
이곳에서 샤워를 할 수 있도록 했다. 뜨거운 태양 아래에서 신나
게 해수욕을 즐긴 후 시원한 용천수로 샤워를 하는 느낌은 매우 상
쾌하다. 물론 남탕과 여탕은 구분되어 있다.

해가 질 때면 서남쪽 끝자락의 등대는 더욱 아름답고 바다 또한
고요하게 잠든다. 이때는
밤하늘의 별들도 소곤소곤
속삭이며 낮 동안의 이야기
들을 되뇌인다.

여행메모	
교통안내	제주시에서 일주도로(12번)를 이용 서 쪽으로 약 25분 거리
편의시설	주차장, 화장실, 야영장, 탈의실, 샤워실

협재해수욕장
−제주 제일의 해수욕장

제주의 모든 해변이 뛰어난 것은 사실이지만 그래도 우열을 가리자면 협재해수욕장은 둘째 가라면 서러운 곳이다. 사시사철 어느 때나 하와이가 부럽지 않은 물빛을 갖고 있으며 넓은 백사장은 분이라도 바른 것처럼 깨끗하다. 해변 양쪽 바닥에 깔린 검은 바위도 보기 좋지만 그 위에서 기생하는 녹조류는 협재해수욕장의 색을 더욱 화려하게 만든다. 더욱이 바다 한가운데 떠있는 비양도는 단조로울 수 있는 수평선을 보강해주며 계절의 변화를 표현하는 수단이 되고 있다. 따라서 제주의 해변 중에 여행자들이 가장 선호하는 곳이기도 하며 계절에 상관없이 늘 이곳을 찾는 사람들의 발걸음은 끊이지 않는다.

한여름에는 윈드서핑, 제트스키, 파라세일링 등 각종 해양스포츠도 다양하게 즐길 수 있어 여행을 풍요롭게 하며 서쪽에 있는 해변답게 낙조 또한 환상적이다. 입구에는 세월의 깊이가 느껴지는 울창한 소나무 숲이 자리하고 있어 주변 경관을 한층 아름답게 만들 뿐 아니라 야영장 역할도 해내고 있으며 이 소나무 숲을 사이에 두고 아래쪽 해변은 금능해수욕장이라고 칭하고 있지만 실제적인 경계의 의미는 없어 보인다.

비양도 협재해수욕장에서 마주 보이는 화산섬 비양도는 '날아온 섬'이라는 뜻을 갖고 있다. 48세대 100여 명의 주민이 살고 있는 작은 섬으로 주변 어장은 매우 풍부한 편이다. 이곳의 볼거리로는 6개의 봉우리로 된 비양봉과 2개의 분화구 등으로 섬 자체가 크지 않기 때문에 1시간 30분 정도면 충분히 돌아볼 수 있지만 배 운항 시간 때문에 오후가 되어야 나올 수 있다.

안내 (협재해수욕장 옆 한림항에서 하루 2회 도항선 운항. 약 15분 소요)
　　한림항 출발 09:00/ 15:00
　　비양도 출발 09:16/ 15:16
요금 대인 1,500원/ 소인 900원
전화 064)796-3113, 3929

여행메모

교통안내 제주시에서 일주도로(12번)를 이용 서쪽 방향으로 진행. 제주시에서 40~50분 거리. 한림공원과 마주하고 있다.

이용요금 야영장은 1인 1,000원의 요금을 지불해야 하며 탈의실과 샤워장을 이용할 때도 별도의 요금을 지불해야 한다.

편의시설 주차장, 화장실, 매점, 탈의실, 샤워장, 전망대, 휴게소, 음료수대

한림공원
-1석7조의 즐거움

한림공원은 제주 관광 역사를 대변하는 공원이라 해도 과언은 아닐 것이다. 1971년부터 시작된 공원 조성 사업은 척박한 황무지 모래밭에서 시작되었고 무려 10년이라는 시간을 투자한 후에야 공원의 면모를 갖추고 개장을 했다. 현재 공원의 총 면적은 9만여 평에 달하며 이곳을 관람한 후에는 다른 공원에 가볼 필요가 없다고 할 정도로 제주의 여러 종류 공원에서 볼 수 있는 모든 것이 망라되어 있다.

한림공원의 상징이라고 할 수 있는 하늘을 찌를 듯 높다란 이국적 야자수길 옆에 위치한 아열대 식물원은 허브가든과 선인장원, 관엽식물원, 열대식물원 등으로 나뉘어져 있으며 2천여 종이 넘는 진귀한 식물들의 보고이다. 연못정원에서는 습지식물이 아름다운 꽃을 피우며 자라고 있다. 특히 1997년에 개장한 제주석/분재원은 수준 높은 분재들이 제주의 돌들과 조화를 이루며 훌륭한 볼거리를 제공하고 있으며 분재라는 소재 하나만으로도 훌륭한 전시 공간을 자랑하는 곳이다. 또한 한라산 일대의 화산이 폭발하면서 생성된 협재쌍용굴은 용암동굴에서 석회동굴로 변해 가는 희귀한 동굴로 국가지정문화제 천연기념물 제236호로 지정되어 있다.

그밖에도 수석관과 민속마을, 왕벚꽃동산, 새가 있는 정원 등 다양한 관람시설이 있으며 어느 것 하나 정성이 들어가지 않은 공간이 없을 정도다. 아무리 전문 공원이라고 해도 분재 한 가지만을 전시하면서 이곳보다 비싼 요금을 받고 있는 인근 공원을 생각한다면 한림공원의 입장료는 비교적 저렴한 편이라고 봐야 할 것이다.

여행메모

교통안내 제주시에서 일주도로(12번)를 이용 서쪽 방향으로 진행. 제주시에서 40~50분 거리. 협재해수욕장과 마주하고 있다.

입 장 료 성인 5,000원/ 청소년 및 군인 4,000원/ 어린이 및 노인 3,000원

관람시간 하절기(3월~10월) 08:30~17:30/ 동절기(11월~2월) 08:30~17:00

문의전화 064)796-0001~4

www.hallimpark.co.kr

금릉석굴원

—석공의 작업장

이곳은 각종 돌 조각품을 만들어 내는 일종의 작업장이다. 제주를 상징하는 돌하르방이 주를 이루는 가운데 물허벅을 진 제주 여인이나 전설을 소재로 한 작품들이 만들어지기도 한다. 작품의 크기도 천차만별이어서 손바닥만한 크기부터 몇 미터가 넘는 크기까지 다양하다. 이곳에서 만들어진 돌하르방이 제주를 찾은 국빈들에게 전달될 정도로 이곳 석공들은 명인으로 인정받고 있다.

공원 안에는 예전에 '정구물'이라고 부르던 작은 동굴이 있는데 벽에서는 끊임없이 맑은 물이 흘러내려 작은 못을 이루고 있으며 동굴 안쪽에는 석불이 모셔져 있다.

여행메모

교통안내 제주시에서 일주도로(12번)를 이용 서쪽 방향으로 진행. 제주시에서 40~50분 거리. 협재해수욕장에서 승용차로 3분만 더 가면 된다.

입 장 료 입장료는 없으나 상황에 따라 주차요금을 받기도 한다.

문의전화 064)796-3360, 2174

추사적거지

– 추사 김정희의 유배지

조선시대 대학자이며 정치가, 서예가로서 중국까지 명성이 자자했던 추사체의 주인공 추사 김정희 (1786~1856) 선생이 추사체를 완성한 곳이 바로 이곳이라고 한다. 조선 헌종 6년(1840) 윤상도 옥사 사건에 연루되어 당시 그의 나이 55세에 유배 길에 올라 8년 동안 이곳에서 유배생활을 했으며, 척박하고 고독한 귀양살이 속에서도 추사체를 완성한 것은 물론이고 세한도를 비롯한 불후의 서화들을 남겼다.

　현재 그가 생활하던 초가가 복원되어 있고 기념관에는 그의 작품 탁본과 복사본, 민구류 등이 전시되어 있어 진한 묵향을 느끼며 역사에 한 획을 그은 대학자의 발자취를 되돌아 볼 수 있는 장소가 되고 있다. 또한 추사 선생의 탄신을 기념하기 위해 매년 음력 6월 3일이면 추사문화예술제 등 다양한 행사가 개최된다.

여행메모

교통안내 중문관광단지에서 일주도로(12번)를 이용 서쪽으로 진행. 화순에서 약 4.9km 지난 지점인 안성리에서 마을 안으로 진입해야 함

입 장 료 성인 500원
　　　　청소년, 군인, 어린이 300원
　　　　노인, 국가유공자, 장애인,
　　　　6세 이하 무료

관람시간 하절기(3월~10월) 08:30~18:00
　　　　동절기(11월~2월) 09:00~17:00

문의전화 064) 794-3089, 730-1443

신천지미술관

-자연과 함께하는 조각 예술

드넓은 대지와 언덕에 세워진 신천지미술관은 제주인에게는 문화예술공간으로서, 관광객들에게는 아름다운 문화휴양지로서 역할을 톡톡히 하고 있는 곳이다. 뿐만 아니라 학생들의 소풍과 단체관람이 활발하게 이루어져 아이들이 자연과 예술문화를 가까이 접할 수 있는 공간으로 사랑 받고 있는 곳이기도 하다.

실내전시공간에는 회화와 판화, 실내조각 등의 작품이 전시되어 있으며 주를 이루는 야외전시공간에는 야외조각전시장, 동물조각이 있는 언덕, 시가 있는 동산 등 다양한 테마로 나뉘어 350여점에 달하는 수준 높은 전시물들이 배치되어 있다.

다양한 조각품들을 감상하며 언덕을 오르다보면 어느새 전망대까지 다다르게 되는데 이곳에서는 뒤로는 한라산과 앞으로는 아스라한 바다가 한눈에 들어오며 날씨가 좋은 날은 멀리 추자도까지도 관측할 수 있다고 한다.

여행메모

교통안내 제주시에서 서부관광도로(95번)를 이용 서귀포 방향으로 진행. 차량으로 약 15분 거리이며 우측으로 제주관광대학이 있고 좌측 전방에 위치

입 장 료 성인 4,000원
어린이, 청소년, 군인, 노인 2,500원

관람시간 08:30~18:00

문의전화 064)748-2135

www.scjartmuseum.co.kr

항몽유적지

-삼별초의 최후 격전지

이곳은 약 700여년 전 몽고의 침략에 대항했던 삼별초의 최후 격전지이다. 고려 원종 11년(1270) 2월 고려 조정은 40여 년 간 일곱 차례나 고려를 침공했던 몽고와 굴욕적인 강화(講和)를 맺고 피난지였던 강화도에서 개경으로 환도하게 되자 삼별초는 이에 강하게 반대하고 끝까지 싸워 이 땅에서 몽고군을 완전히 몰아내기를 주장했다. 이에 몽고군은 삼별초를 토벌하기 시작했고 삼별초는 전라도 진주로 근거지를 옮겼으나 이곳에서도 크게 패했다. 결국 제주도로 옮겨와 항파두성을 쌓고 몽고군과 혈전을 벌였으나 원종 14년(1273) 4월 끝내 패하고 모든 병사가 숨지고 말았다.

현재 항몽유적지 주변에는 토성인 항파두성과 성의 건축물에 사용되었던 '돌쩌귀', 삼별초 군사들이 궁술을 연마할 때 과녁으로 이용했던 '살맞은 돌'과 삼별초군의 식수로 사용되었던 '구시물' 등이 남아 있다. 또한 삼별초의 대장이었던 김통정 장군이 성 위에서 뛰어내릴 때 생긴 발자국이라는 전설이 전해지는 '장수물'에서는 사시사철 맑은 물이 흘러나오고 있다.

하지만 입장료를 내고 들어가는 전시관과 기념비를 제외하고는 모든 유적들이 여러 곳에 산발적으로 흩어져 있으므로 주의 깊게 찾아다녀야 한다.

여행메모

교통안내 제주시에서 중산간도로(16번)를 이용 서쪽으로 진행. 광령리를 지나 고성 들어가는 사거리에서 좌회전 후 1km 전방에 위치

입 장 료 성인 550원
　　　　청소년 및 군인 330원
　　　　어린이 무료

주차요금 400~500원

관람시간 하절기(3월~10월) 09:00~19:00
　　　　동절기(11월~2월) 09:00~17:00

문의전화 064)713-1968

수월봉, 차귀도
-낙조가 아름다운 서쪽 끝자락

제주의 동쪽 끝에 성산일출봉이 우뚝 솟아있다면 서쪽 끝에는 수월봉이 있다. 수월봉은 오름의 일종으로 '녹고물오름' 혹은 '노꼬물'이라고 불리고도 있다. 전해지는 전설에 의하면 옛날 수월이와 녹고라는 남매가 병든 홀어머니를 위해 수월봉에 오갈피라는 약초를 캐러 왔다가 여동생인 수월이가 절벽 아래로 떨어져 죽자 오빠 녹고는 슬픔에 겨워 17일 동안 울었다고 한다. 지금도 암벽 곳곳에는 맑은 약수가 솟아나고 있는데 사람들은 이 물이 녹고가 흘린 눈물이라 하여 '녹고물'이라고 부르고 있다.

정상에는 수월정이라는 정자가 있으며 이곳에서 바라보는 경치는 끝없이 펼쳐진 망망대해와 주변 몇몇 섬들과 어우러져 수채화처럼 아름답다. 무엇보다 서쪽이기 때문에 이곳에서 바라보는 낙조는 시원한 해안선과 수월봉, 차귀도의 아름다운 스카이라인 때문에 제주에서 가장 뛰어난 낙조 중에 하나로 알려져 있다.

수월봉 정상에서 바로 앞으로 보이는 섬이 차귀도인데 현재 개발은 되어 있지 않으며 3개의 섬으로 이루어진 무인도이다. 드넓은 푸른 초원이 인상적이며 낚시를 즐기는 사람들이 많이 찾고 있다.

여행메모

교통안내 제주시에서 일주도로(12번)를 이용 서쪽으로 진행. 고산리에서 좌회전하면 수월봉과 자구내 포구가 나온다.

입 장 료 없음

선박요금 자구내 포구에서 선박을 이용하며 차귀도를 한바퀴 돌면서 섬 경치를 관람할 수도 있고 낚시를 원할 경우에는 차귀도에 내려준 후 원하는 시간에 선박이 돌아온다.
1~2인 20,000원
3인부터 1인당 7,000원

분재예술원

−자연과 인공의 조화

분재가 시작된 시기는 정확하지 않으나 중국 당송대(唐末代)에 번성하였고 한국의 백제와 신라에 전래된 후 일본에까지 전파되었다.

북제주군에 위치한 분재예술원은 분재라는 테마 하나로 꾸며진 수준 높은 공원이다. 분재 종주국이라 할 수 있는 중국의 장쩌민 주석이 방문해 격찬을 하면서 그 가치가 알려지기 시작했고 이후 제주를 방문했던 세계 각국의 국빈들이 잊지 않고 찾는 명소가 되었다.

관람로를 따라 전시된 분재들은 크기도 제각각이지만 종류도 다양하다. 자연의 축소판이자 절제된 인공미가 가미된 작품들은 실로 감탄하지 않을 수 없을 뿐 아니라 인생의 풍요로움과 아름다움을 대변하고 있는 듯 하다. 입구에서부터 몇몇 분재 작품을 이동하며 안내해 주는 직원의 설명은 분재를 이해하는데 큰 도움이 된다. 분재에 관심이 없다고 하더라도 한번쯤 들러보면 분재의 아름다움에 깊게 빠져들게 되는 곳이다.

아쉬운 것은 비싼 입장료. 아무리 수준 높은 공원이라고 해도 비싼 입장료는 가족 여행자에게 부담스러운 것이 사실이다. 인근 한림공원 역시 격조 높은 분재원을 갖고 있음에도 비교적 저렴한 입장료를 받고 있다는 것을 생각하면 이곳의 입장료는 조금은 상업적이란 생각을 지울 수 없다.

여행메모

교통안내 제주시에서 일주도로(12번)를 이용해 서쪽으로 진행. 협재해수욕장을 지나 이정표 보고 좌회전한 후 약 10분 거리

입 장 료 성인 7,000원/ 노인 및 청소년 5,000원/ 어린이 4,000원/ 장애인 3,500원

관람시간 3월~10월 08:30~19:00(매표 18:30까지), 11월~2월 08:30~18:00(매표 17:00까지)
5월1일~6월15일 08:30~20:00(매표 19:00까지)
7월20일~8월31일 08:30~22:00(매표 21:00까지)

문의전화 064) 772-3701~3   www.bunjaeartpia.com

설록차뮤지엄 오'설록

– 세상에서 가장 아름다운 밭

차밭은 세상에 존재하는 수많은 밭 중에서 가장 아름다운 밭이 아닐까 싶다. 드넓은 평원과 언덕에 가지런히 들어선 차나무들은 잘 정비된 잔디보다 정제되어 있으며 겨울에도 푸른빛을 잃지 않을 뿐 아니라 봄에 피어나는 새싹의 신록은 순수함 그 자체이기 때문이다.

남제주군 서광다원 입구에 위치한 오설록은 인류에게 있어서 가장 오래된 기호식품으로 알려진 녹차에 관한 정보와 차문화의 역사, 전통 다기와 차나무의 재배 과정 등을 차분히 살펴볼 수 있는 훌륭한 박물관이다. 특히 박물관 내에서 판매하는 녹차 아이스크림은 우리나라 녹차 아이스크림의 원조라고 할 수 있으며 박물관을 찾은 이는 누구나 한번쯤 맛보는 명물이다.

제주는 차나무 재배에 적합한 지형과 기후를 갖고 있는 것으로 알려져 있으며 특히 유배시절의 추사 김정희가 차나무를 직접 가꾸며 다인들과 차를 즐겼던 유서 깊은 곳이기도 하다.

이곳 녹차 박물관에서 전시된 내용만 보고 돌아간다면 그것은 서울에 놀러 가는 사람이 서울 이정표만 보고 돌아가는 것과 같은 일이다. 박물관에서 나와 다원 안쪽으로 들어가 광활한 차밭 사이를 직접 산책할 때 비로소 이곳의 아름다움을 발견하게 된다. 특히 육지의 다른 다원에 가본 적이 없는 여행자라면 이곳에서 받는 감동은 각별할 것이다. 걸어서 돌아다니기에는 차밭이 워낙 넓으므로 차를 몰고 가는 것이 좋다. 다원 깊숙한 곳으로 들어가 적당한 곳에 차를 세운 후 천천히 걸어서 차밭 사이를 산책하기를 권한다.

여행메모

교통안내 서귀포에서 일주도로(12번)를 이용 서쪽으로 진행. 창천삼거리에서 제주시 방향으로 우회전 후 상창교차로에서 이정표 따라 16번 도로로 좌회전 서광서리 삼거리에서 이정표를 따라 우회전

입 장 료 없음
관람시간 10:00~17:00
문의전화 064) 794-5312~3
www.osulloc.co.kr

소인국테마파크

-세계적인 건축물이 한자리에

이곳은 북제주군에 위치한 소인국미니월드와 흡사한 테마파크이며 전시된 내용과 수준 또한 비슷하다. 세계 각국의 상징적이면서도 뛰어난 건축물들을 축소해 놓은 곳으로 총 면적 약 2만여 평에 100여 점의 미니어처들이 들어서 있다.

우리 나라의 대표적인 건축물인 경복궁과 불국사, 첨성대 등을 포함해 세계 최대의 개선문인 프랑스 파리의 개선문, 14년 공사 끝에 1973년 완공되었던 호주 시드니의 오페라 하우스, 일본 성 건축물 중에 가장 뛰어난 건축물로 인정받고 있는 오사카성, 중국 황제의 거처였던 자금성, 세상에서 가장 아름답고 거대한 무덤인 인도의 타지마할, 세계7대 불가사의 건축물 중에 하나인 피사의 사탑 등 우리가 익히 들어서 알고 있는 세계 유명 건축물들이 총 망라되어 있다.

미니어처를 감상하기 가장 좋은 시간은 오전 8시 30분부터 9시 30분까지, 오후 3시 30분부터 5시 30분까지라고 하며 홈페이지를 통해서 할인권을 다운 받을 수 있다.

여행메모

교통안내 서귀포에서 일주도로(12번)를 이용 서쪽으로 진행. 창천삼거리에서 제주시 방향으로 우회전 후 상창교차로에서 이정표 따라 16번 도로로 좌회전. 약 3.1km 전방 서광사거리에 위치

입장료 성인 6,000원
청소년 및 군인 4,000원
어린이, 노인, 장애인, 국가유공자 3,000원

관람시간 (폐장은 일몰을 기준으로 하기 때문에 계절에 따라 다소 차이가 있음)
하절기(3월~10월) 08:30~19:30
동절기(11월~2월) 08:30~17:30

문의전화 064)794-5400

www.soingook.com

초콜릿박물관

-작은 초콜릿 왕국

개성 있고 이국적인 외관에서부터 방문자의 관심을 끌고 있는 초콜릿박물관은 입구에 1,500여 평의 앞마당이 있어 아늑하고 포근한 느낌을 준다. 내부로 들어서면 초콜릿박물관의 가장 중요한 공간이라고 할 수 있는 전시관이 자리하고 있으며 초콜릿의 역사와 초콜릿에 얽힌 이야기 등을 주제로 진열장 안에 각종 수집품들이 전시되어 있다.

또한 내부에는 초콜릿의 발전과정과 종류 등 초콜릿에 관한 흥미진진한 영상물을 150인치 대형화면으로 관람할 수 있는 영상실과 중세풍 인테리어의 아담한 카페, 초콜릿을 이용한 선물용품을 판매하는 매장이 들어서 있다. 그러나 여행자의 가장 큰 관심을 끄는 곳은 역시 대형 유리창을 통해 초콜릿이 만들어지는 과정을 직접 관람할 수 있는 커다란 주방이라고 할 수 있을 것이다. 초콜릿이 기계만으로 만들어지는 것 같지만 의외로 사람의 수작업이 많이 필요하다는 것에 놀라게 된다.

연인이나 아이들을 동반한 여행자라면 한번쯤 들러볼 만하며 시즌에는 샌프란시스코에서 보았음직한 트롤레이가 박물관과 산방산, 중문 사이를 운행하기도 하니 전화문의 후 이용해 보는 것도 좋다.

붉은못허브팜

-허브향 가득한 농원

최근 웰빙과 더불어 허브에 대한 관심이 높아지고 있는 시점에서 붉은못허브팜이 여행자들에게 주목받고 있는 것은 당연한 일일지도 모른다. 통나무로 지어진 붉은못허브팜은 그 자체만으로도 운치가 있지만 주변이 온통 허브 향기로 가득한 농장이며 계절마다 다양한 꽃들이 피어나 아름다움을 더하고 있다.

친절한 관리인의 안내에 따라 농장에서 각종 허브들을 직접 채취하고 냄새를 맡으며 설명을 들을 수 있다. 몸과 마음을 위해 향기가 이용되는 범위는 의외로 광범위하다. 긴장을 풀고 싶을 때는 라벤다나 장미향이 좋으며 머리를 맑게 하고 싶을 때는 민트가 도움이 되며 집중력을 높이기 위해서는 로즈마리가 좋다고 한다.

또한 통나무집 안에서는 허브를 이용한 각종 오일과 목욕용품, 화장품은 물론이고 식사와 차까지 즐길 수 있어 잠시나마 도심의 때를 벗어버리고 자연 속에 파묻혀 행복을 만끽할 수 있다. 찾아가는 길은 다소 애매할 수 있으나 전화를 하면 친절히 안내해 준다.

> **여행메모**
>
> **교통안내** 중문관광단지에서 일주도로(12번)를 이용 서쪽으로 진행. 추사적거지가 있는 안성리에서 고산 방면으로 진행. 이 도로는 작은 지방도로와 중산간도로(16번)를 몇 차례 교차하게 되며 신양리에서 고산 방향으로 갈라지는 부근에 위치
>
> **입 장 료** 없음
>
> **관람시간** 하절기(3월~10월) 09:00~18:00
> 동절기(11월~2월) 09:00~17:00
>
> **문의전화** 064) 773-0097
>
> www.redpond.co.kr

모슬포포구

-여행을 잠시 멈추고…

섬나라 제주에서 바다는 땅만큼이나 소중한 자산
이다. 여인들은 맨몸으로 바다 속에 들어가 해산물을 캐냈으며 남
자들은 배를 몰고 아득한 먼바다로 나가 고기를 잡았다. 바다는 육
지보다 불안정한 곳이다. 뼈 속까지 파고드는 바람과 거친 파도를
극복해야 하며 작은 선박에 자신의 생명을 맡겨야 하기 때문이다.

배는 포구에서 떠나고 포구로 돌아온다. 떠나는 배야 모두 희망
을 싣고 떠나지만 돌아오는 배는 때로는 만선으로, 때로는 허탈함
으로 돌아온다. 그래서 포구는 바다를 삶의 터전으로 살아야 했던
사람들의 애환이 깊숙하게 뿌리 내리고 있는 곳이다.

제주 남서쪽 끝에 위치한 모슬포항은 모슬봉을 등뒤로 하고 망
망대해를 바라보고 있는 포구이다. 빨간 등대와 하얀 등대가 바다
의 길목에 서서 바다로 떠나고 돌아오는 선박들을 배웅하고 마중
한다. 해가 질 무렵 하얀 물거품 꼬리를 달고 통통통 바다로 나가
는 배들을 바라보고 있으면 점점 어두워지는 바다 한가운데 삶의
비밀이라도 숨겨져 있는 것이 아닐까 하는 생각이 들기도 한다.
특히 모슬포는 해마다 11월 중순이면 방어축제가 열리는 곳이다.
풍어제와 방어낚시 대회, 방어 손으로 잡기, 방어 무료 시식회 등
다양한 행사가 펼쳐진다.

제주를 여행하면서 포구에서 쉬지 않는 것은 무모한 일이다. 그
렇다고 모든 포구마다 들러볼 필요는 없지만 어차피 몇 개 정도의
포구는 지나치게 되어 있다. 그 중에 문뜩 마음이 편해지는 곳이
있다면 모슬포 포구가 아니더라도 잠시 차를 세우고 여행을 멈춰
보기를 권한다. 그곳이 소박한 포구이든, 갈매기 떼 무성히 내려
앉은 포구이든, 바닷사람들로 분주한 포구이든 크게
상관은 없을 것이다. 방파제를 걷다가 적당한 곳에 잠
시 걸터앉아 나와 동떨어진 세상을 바라보는 것도 제
주 여행 중에 얻을 수 있는 큰 수확일 것이다.

포 구는 가능하면 이른
아침이나 해가 질 무
렵에 가는 것이 좋다. 대부
분의 어선들이 야간 조업을
하기 때문에 오후에 바다로
나가고 동이 틀 무렵이면 포
구도 돌아오기 때문이다.

여행메모
교통안내 중문관광단지에서 일주도로(12번)를
이용 서쪽으로 진행. 화순과 산방산을
지나 대정읍에 위치

대정읍

─아픈 과거의 현장

대정읍에는 우리의 아픈 과거 현장 몇 곳이 남아 있다. 관계당국에서 관광지로 개발하겠다는 계획은 발표했으나 몇 해가 지나도록 별다른 진전이 없는 상태이며 현재는 농지 사이에 방치되어 있는 상황이라 찾아가는 길이 쉽지 않다. 하지만 시간을 쪼개어 한번쯤 찾아가 본다면 점점 잊혀져 가는 우리 역사의 한 페이지를 펼쳐보는 계기가 될 것이다.

일본군 전적지 _ 1941년 진주만 공격으로 2차 세계대전을 일으킨 일본은 제주 곳곳에 자살공격용 1인승 전투기를 배치했다. 현재 대정읍 농지 사이사이에 커다란 무덤의 봉분처럼 둥글게 솟아 있는 것들이 당시 비행기의 격납고들이며 대륙 침략용으로 사용되었던 것들이라고 한다.

현재 20여 개의 격납고가 남아있지만 세월이 흘러 하단 부분이 매몰될 상황이고 지붕에는 잡풀들이 무성하게 자라고 있다. 뿐만 아니라 격납고가 있으면 당연 활주로도 있어야겠지만 현재는 그 흔적을 찾아보기 힘들다.

예비검속 양민학살터 _ 제주 역사상 가장 큰 아픔을 남긴 것은 4·3사건일 것이다. 이곳 양민학살터 또한 4.3사건과 연루된 곳이다. 1950년 4·3사건이 진정 국면에 들어설 무렵 한국 전쟁이 발발하자 치안국은 '예비검속(범법 우려가 있는 용의자를 미리 체포하는 제도)'을 통해 무고한 제주도민을 강제 연행한 후 아무런 법적 절차도 없이 한밤중에 무참히 총살하고 암매장하거나 바다에 수장하는 사건이 벌어졌다.

이곳은 당시 처참한 상황을 보여주는 유일한 장소로 1950년 8월 20일 모슬포 경찰서에 예비검속된 375명 중 252명을 총살 후 돌무더기와 함께 암매장하였던 곳이다. 당시 만행은 유족들에 의해 발각되었으나 계엄군경의 무력저지로 시신 인도는커녕 이곳은 7년 동안 출입금지 구역으로 통제되었다.

유가족들의 끈질긴 탄원으로 1956년 당국의 허가를 받아 149위를 수습하여 그중 132위를 상모리에 안장하고 '조상은 132명이나 후손은 하나이다'라는 뜻으로 '백조일손지지(百祖一孫之地)'라고 칭하고 있다. 아직도 학살터에는 약 40위가 매장되어 있을 것으로 추정하고 있다.

대정향교 _ 위의 두 곳이 뼈아픈 과거의 현장이라면 대정향교는 우리 선열들의 학문에 대한 열정이 숨쉬고 있는 곳이다. 제주향교, 정의향교와 더불어 제주 3대 향교 중에 하나인 대정향교는 1408년에 창건되어 여러 차례 옮겨지다가 1653년에 지금의 위치에 자리잡았으며 제주에서 원형이 가장 잘 보존된 향교이다. 장식이 간결하고 단청을 하지 않은 명륜단은 인재를 양성하기 위하여 유학을 강의하던 곳이며 자유분방한 조각이 돋보이는 대성전에는 5성인의 위패가 모셔져 있다.

한적한 주변 풍경과 어우러져 마치 과거 속으로 돌아온 듯한 착각이 들기도 하는 대정향교에서 선열들의 숨결과 풍취를 느껴보는 것도 색다른 경험이 될 것이다.

> **여행메모**
>
> 교통안내 위 세 곳 모두 마을과 조금 동떨어져 있거나 농지 속에 있기 때문에 찾아가는 길이 쉽지 않다. 일단 대정읍까지 가면 이정표가 보이기도 하지만 마을에서 주민에게 길을 묻는 것이 바람직하다.

하모해수욕장

─때묻지 않은 해변

하모해수욕장은 아마도 여행자들에게 가장 알려지지 않은 곳일 것이다. 따라서 한여름에도 비교적 한적하며 유유자적한 시간을 보낼 수 있는 곳이기도 하다. 특히 해변 뒤에 자리한 소나무 숲은 제주의 그 어느 해변의 소나무 숲보다 뛰어나며, 운치를 더하고 그늘을 만들어 주는 휴식공간뿐 아니라 야영장으로서 훌륭한 역할을 해내고 있다.

주변에 편의시설이 부족한 것이 단점이지만 사람의 손때를 덜 타고 순박한 곳에서 휴식을 취하기 원하는 여행자에게는 최고 적격이다. 인근에서는 물질하는 해녀를 심심치 않게 볼 수 있으며 가까운 모슬포항에서는 싱싱한 회도 싼 가격에 맛볼 수 있어 좋다.

여행메모

교통안내 중문관광단지에서 일주도로(12번)를 이용 서쪽으로 진행. 대정읍 모슬포항에서 마을 안쪽 길을 이용 동쪽으로 약 1km 정도 진행

편의시설 야영장, 주차장, 화장실, 탈의실, 샤워장, 음료수대

샤워장 이용 요금 성인 1,000원/ 청소년 600원/ 어린이 400원

송악산

─대한민국 최남단의 산

송악산은 기생화산 중에서는 드물게 '오름'이 아니라 '산'이라는 명칭을 갖고 있는 곳이다. 덕분에 대한민국 최남단에 위치한 산이 되었지만 여행자가 실제로 송악산에 오르는 것은 아니다. 송악산 앞 해안 절벽에 전망대가 있으며 이곳에서 짙푸른 바다 위에 점처럼 떠 있는 섬들과 잔잔하게 깔려 있는 해안선을 구경하게 된다.

이곳에도 여느 곳과 마찬가지로 동전을 넣어야 볼 수 있는 망원경이 설치되어 있지만 워낙 시야가 시원하게 트여 있어서 그 필요성을 느끼기는 힘들다. 바로 앞에 납작하게 엎드린 가파도가 있고 멀찍이 바다 안개 속에 뿌옇게 보이는 마라도가 있다. 좌측 해안에는 봉긋한 두 개의 봉우리가 인상적인 형제섬이 있으며 더 멀리 해안에는 산방산이 우뚝 솟아있다.

특히 송악산 절벽 아래에는 일제시대 때 일본군이 뚫어놓은 15개 가량의 군사용 동굴이 있으며 일본군은 이 동굴을 뚫기 위해 제주도민을 강제 노역시켰다고 한다. 송악산에 오르기 전 해안의 검은 모래를 걸어서 동굴을 둘러보는 것도 좋을 것이다. 또한 송악산 해안 주변에서는 청동기시대의 무늬 없는 토기와 팽이형 토기, 패총 등이 발견되었다.

여행메모

교통안내 중문관광단지에서 일주도로(12번)를 이용 서쪽으로 진행. 안덕계곡 지난 후 산방산 방향으로 좌회전. 산방산 지난 후에는 해안도로를 이용해야 한다. 산방산에서 약 4.2km 거리

입 장 료 없음

형제섬 산방산에서 송악산으로 가는 해안도로에서 유독 눈에 띄는 바닷가의 섬이 있다. 우의 돈독한 형제들 모습처럼 서로 마주보고 있는 형상을 하고 섬이 있는데 이름도 형제섬이다. 한 섬은 키가 조금 크고 한 섬은 키가 좀 작다.

해안도로를 달리다보면 섬은 두 개에서 하나로, 하나에서 다시 두 개로, 두 개에서 세 개로 시시때때로 그 모습과 숫자가 변한다. 무인도의 작은 섬이지만 모양새가 수려해서 이곳 해안도로를 지나는 여행자들의 시선을 한눈에 받고 있는 섬이다.

5월에서 8월 사이에는 감성돔과 벵에돔이 몰려들어 이를 잡으려는 낚시꾼들이 많이 찾고 있으며 맑은 물과 다양한 어류, 각양각색의 수중 생물이 살고 있어 다이버들이 즐겨 찾는 곳이기도 하다.

마라도

– 끝과 시작을 말하는 섬

마라도는 대한민국의 최남단이란 것 하나만으로
도 여행자들의 호기심 가득한 사랑을 받기에 충분한 곳이다. 하
지만 마라도 끝에 세워진 '대한민국최남단비'는 이곳이 끝이라는
것을 알려주는 표석이기도 하지만 역설적으로 말하면 이곳에서부
터 대한민국은 시작되는 것일 수도 있다. 결국 마라도는 이 땅의
마지막 종착지이자 한반도가 시작하는 지점이기도 한 것이다.

마라도는 작지만 아름다운 섬이다. 일단 섬에 도착하게 되면 언
덕을 이루는 넓은 초지가 인상적으로 펼쳐져 있다. 마라도 구경은
둘째치고 그곳에 누워서 한들한들 불어오는 바람과 푸른 하늘만
바라보고 싶어진다. 초지를 지나면 가장 먼저 눈에 띄는 것은 마
라도 분교이다. 바닷가에 세워진 분교는 품안에 안길 듯 아담하
다. 무엇보다 부러운 것은 소박한 축구골대가 세워진 학교 앞 넓
은 잔디 마당이다. 조심하지 않으면 날아간 공이 바다에 빠지기
십상이다.

몇 개의 음식점과 횟집을 지나면 '대한민국최남단비'가 보인다.
이곳에서 대부분 기념촬영을 한다. 남쪽 바다에서 불어오는 소금
기 먹은 바람을 맞으며 좀더 걸으면 하얀 마라도 등대가 나온다.
1915년에 설치된 태양열을 이용한 등대이다. 이 곳을 지나면 처음
배에서 내렸을 때 만났던 넓은 초지를 다시 만나게 된다.

마라도는 걸어서 돌
아볼 수 있는 면적이
지만 자전거를 빌리는
것도 즐거운 경험이
될 것이다.

여행메모

교통안내 송악산 밑 선착장에서 출발하는 유람선을 이용해야 하며 마라도에서는 1시간 30분 가량
체류하게 된다. 이 시간으로도 마라도는 충분히 돌아볼 수 있으나 만약 숙박을 원하는
경우에는 모슬포항에서 출발하는 일반 여객선을 이용해야 한다. 유람선 운항 간격은 보
통 1시간 간격이지만 미리 확인해 두는 것이 좋다. 2시간 전에 예약하는 것이 안전하므
로 예약을 마친 후 송악산을 들러보고 내려오는 것도 좋은 방법이다. 또한 마지막 배는
마라도 체류시간이 1시간이란 점도 염두에 두어야 한다.
첫회: 송악산 출발 09:30/ 마라도 출발 11:30(송악산 도착 12:10)
마지막회: 송악산 출발 15:00/ 마라도 출발 16:30(송악산 도착 17:10)
승선요금 성인 15,000원/ 중고생 9,800원/ 초등학생 7,800원(해양공원 입장료 포함, 왕복)
문의전화 064)794-6661(유양해상관광)

산방산

—남성적인 매력이 물씬

차를 몰고 도로를 달리다가 어느 순간 나타나는 산방산은 감탄을 자아내게 한다. 완만한 곡선이 아니고 매우 남성적이면서 불쑥 솟아있는 산세가 인상적이기 때문이다. 더욱이 주변에 비교할 만한 산이 없어 더욱 독보적인 모습을 하고 있다.

영주10경에서도 바다를 바라보며 우뚝 솟은 산방산의 수려함을 극찬하고 있을 정도로 제주에서 놓칠 수 없는 비경이다. 특히 높이가 390여 미터에 이르고 해안에 접해 있기 때문에 산 중턱에 구름이 걸쳐있는 모습을 종종 보게 되는데 이때의 모습은 이곳이 낙원인가 싶을 정도로 신비롭기까지 하다.

매표소에서 10여 분 올라가면 '산방굴사'라는 깊지 않은 굴이 있으며 이곳에 불상이 모셔져 있고 약수도 고여 있다. 여기서 늙은 해송 너머로 바라보이는 해안의 모습은 풍치 있고 낭만적이다.

산방산은 하나의 거대한 용암덩어리로 이루어졌으며 생성연대는 약 7, 80만년 전이라고 한다. 산 정상에는 각종 상록수림이 울창하고 특히 암벽에는 희귀한 암벽식물들이 자생하고 있어 산 전체가 천연기념물로 지정 보호되고 있다. 이런 산방산의 모습은 송악산에서 바라보는 것이 가장 아름답다.

여행메모

교통안내 중문관광단지에서 일주도로(12번)를 이용 서쪽으로 진행. 안덕계곡 지난 후 이정표 따라 좌회전. 약 4.2km 전방
입 장 료 성인 2,000원
청소년 및 어린이 1,000원
노인 무료
주차요금 승용차 1,000원/ 승합차 2,000원
관람시간 08:00~일몰
문의전화 064)794-2940

용머리해안

-해풍과 파도가 만든 걸작

자연은 때로 인간이 만들어낼 수 없는 위대한 작품들을 창조한다. 인간의 손이 아닌 자연의 손으로 만들어진 작품은 대부분 긴 세월이 동원된 것들이다. 용머리해안 또한 바닷가 기암절벽에 오랜 시간 바람과 파도가 힘을 합해 만들어낸 멋진 조각품이다.

용머리해안은 바닷가를 향한 바위 언덕이 용이 머리를 들고 바다로 들어가는 모습과 닮았다고 해서 붙여진 이름이다. 퇴적층이 겹겹이 쌓여서 형성된 듯한 해안 바위는 그 결들 하나 하나가 아름다운 문양들이다. 화산단층으로 이루어진 바위를 걸으며 해안을 한바퀴 도는 데 걸리는 시간은 20여 분도 채 걸리지 않지만 독특한 풍경은 오래도록 잊혀지지 않는다.

용머리해안 언덕 위에는 1653년 대만을 떠나 일본으로 향하던 네덜란드의 하멜 일행이 제주 인근에서 폭풍을 만나 배가 파선되고 제주로 표류되어 체포되었던 사건을 기념하는 기념비가 세워져 있다. 하멜은 이후 14년간 조선에 강제로 머물렀다가 1666년 배를 타고 일본으로 탈출해 이듬해 본국으로 귀국했다. 그는 이후 '하멜표류기'를 집필했고 이 문헌은 한국을 유럽에 알리는 최초의 문헌이 되었다.

최근에는 당시 하멜이 이용했던 선박 바타비아호를 모델로 재현된 전시관이 들어서 하멜 일행에 대한 이야기와 대한민국 축구를 월드컵 4강에 올려놓은 히딩크의 고향 역시 네덜란드라는 점을 고려해 월드컵과 히딩크에 대한 전시공간을 함께 마련해 두고 있다.

여행메모

교통안내 산방산 바로 아래 해안이므로 산방산을 둘러보고 걸어서 내려가면 된다.
입 장 료 산방산과 하나로 연계되어 있어 산방산 입장표로 입장하면 된다.
관람시간 08:00~일몰
주차요금 산방산 주차장에 세워두고 걸어서 내려갈 수 있는 가까운 거리지만 차를 용머리해안 주차장으로 이동시키고 싶을 때는 산방산 주차증을 보여주면 무료 이용이 가능하다.
문의전화 064)794-2940

제주조각공원

−자연과 조각품의 만남

산방산 뒷자락에 위치한 제주조각공원은 자연 속을 산책하면서 수준 높은 예술 조각품을 감상할 수 있는 곳이다. 조각공원답게 입구의 정문관부터 예술성이 돋보이는 이곳 공원의 넓이는 13만평에 달하며 2개의 연못과 분리된 몇 개의 공간을 통해 조각계의 중추적 작가 109분의 주옥같은 작품 160여 점을 선보이고 있다. 작품들은 때로 독립적이기도 하지만 자연 속에 함께 공존하는 자연의 일부가 되기도 한다.

특히 나뭇가지와 넝쿨이 우거진 숲길을 걸으며 자연과 조화를 이룬 작품을 감상할 수 있는 '곶자왓길'이나 일체의 장식을 배제하고 인간 본연의 형상을 전통적인 기법으로 마무리한 작품이 전시된 '사랑의 숲'은 연인들에게 인기 있는 코스다. 또한 93년부터 상설 전시되고 있는 뉴기니아 서반부에 위치한 아스맛(Asmat)지역의 원시 조각품들도 매우 독특하며 인상적이다.

여행메모

교통안내 중문관광단지에서 일주도로(12번)를 이용 서쪽으로 진행. 중문시내에서 약 10km 지점.
입 장 료 성인 3,000원/ 청소년 및 군인 2,500원/ 어린이 1,500원
    (홈페이지에서 할인권 다운 받을 수 있음)
주차요금 승용차 800원/ 승합차 1,000원
관람시간 하절기(3월~10월) 08:30~19:00(매표시간)/ 동절기(11월~2월) 08:30~18:00(매표시간)
    (폐장은 일몰을 기준으로 하기 때문에 계절에 따라 다소 차이가 있음)
문의전화 064)794-9680~3
www.jejuarts.com

화순해수욕장
–담수욕을 즐길 수 있는 해변

화순해수욕장 역시 대정해수욕장처럼 여행자들이 그리 많이 찾는 곳은 아니다. 3만평에 달하는 넓은 백사장과 우측으로 우뚝 솟은 산방산이 자리하고 있으며 바다 한가운데 떠있는 형제섬도 한눈에 들어와 바다 풍경을 아름답게 하고 있다. 무엇보다 이곳의 장점 중에 하나는 한라산에서부터 땅속으로 흘러 내려온 물이 바닷가에서 솟아 나오는 담수욕장이 있다는 것이다. 바닷물에서 해수욕을 즐긴 후에 시원하고 맑은 담수욕장에서 몸을 씻을 때 느끼는 쾌감은 특별하다.

한가지 아쉬운 것은 이런 아름다운 풍경에 어울리지 않게 해수욕장 좌측으로 화순항 공사가 한창이란 점이다. 화순항은 2011년에 완공 예정이라고 하는데 완공이 된 후에도 아름다운 화순해수욕장의 미관을 해치는 요소로 자리잡을 듯 싶다.

여행메모

교통안내 중문관광단지에서 일주도로(12번)를 이용 서쪽으로 진행. 안덕계곡 지난 후 산방산 방향으로 좌회전 후 화순리에서 마을 도로를 이용 해안으로 진입해야 한다.

편의시설 야영장, 화장실, 탈의실, 샤워실, 담수욕장, 음료수대

안덕계곡

−제주를 대표하는 계곡

예전부터 제주도민의 피서지로 인기를 독차지했을 뿐 아니라 추사 김정희 등 많은 학자들이 즐겨 찾았던 안덕계곡은 그 인기만큼이나 수려한 외모를 자랑하는 곳이다. 계절에 따라 수량은 차이가 있지만 사철 물이 마르지 않으며 한여름이 아니더라도 계절마다 색다른 개성과 멋을 갖고 있는 곳이다.

한여름에는 물놀이 장소로 으뜸이고 가을에는 계곡 사이로 울창하게 들어선 조록나무, 참식나무, 구실잣밤나무 등에서 바람을 타고 떨어지는 낙엽이 눈꽃보다 아름답다. 겨울에는 잎을 떨군 앙상한 가지들 속에서도 푸르름을 간직한 상록수가 있어 보기 좋고 봄이면 추운 겨울을 이겨내고 싱그러운 신록이 돋아나는 모습이 역동적이다.

계곡 일대가 천연기념물로 지정 보호되고 있으며 계곡으로 들어가는 산책로 입구에는 선사시대 삶의 터전이었던 얕은 동굴의 모습도 볼 수 있다.

여행메모

교통안내 중문관광단지에서 일주도로(12번)를 이용 서쪽으로 진행. 중문시내에서 약 8km 지점 좌측에 위치

입 장 료 없음

241

어디에서 묵을까?

【차귀도어촌계민박】
차귀도 부둣가에 위치해 있어 매우 조용하며 어촌계에서 운영하기 때문에 비교적 저렴한 비용으로 숙박이 가능하다. 50평 규모의 회의실도 별도로 갖추고 있어 각종 소모임이나 행사들도 치를 수 있다. 25평형의 요금은 10인 기준이다.

요금 _ 비수기 원룸 40,000원
　　　성수기 원룸 60,000원
　　　25평형 120,000원
전화 _ 064)772-5545~6
주소 _ 북제주군 한경면 고산리
　　　3605-2
www.chagwi.co.kr

【섬이야기】
빌라를 연상시키는 외부 구조이며 내부 시설도 가정집 분위기와 흡사하다. 요금은 모두 4인 기준이며 20평형은 10인까지 추가 요금 없이 숙박이 가능하다. 수영복 차림으로 금능해수욕장까지 걸어갈 수 있을 정도로 가까운 거리에 있다.

요금 _ 비수기 40,000원~100,000원
　　　성수기 80,000원~200,000원
전화 _ 064)796-1104
주소 _ 북제주군 한림읍 금능리
　　　1474-14
www.sumstory.co.kr

【바닷가하우스】
산방산과 송악산을 잇는 해안도로에 위치해 있어 모든 객실의 전망이 매우 뛰어나며 편안하고 아늑한 분위기를 갖추고 있는 곳이다. 낚시, 스쿠버다이빙 체험 등도 저렴하게 알선해 주며 숙박과 승용차 렌터카를 함께 묶은 패키지 요금도 있다. 휴게실에서 초고속 인터넷도 무료 사용이 가능하다.

요금 _ 비수기 주중 60,000원~
　　　140,000원/ 비수기 주말
　　　70,000원~150,000원
　　　성수기 100,000원~200,000원
전화 _ 064)794-0977
주소 _ 남제주군 대정읍 상모리 73
www.seasidehouse.co.kr

【오션밸리】
숙박업소 중에 드물게 실외 수영장을 갖추고 있으며 넓은 소나무 숲이 딸려 있어 운치 있는 바비큐파티가 가능한 곳이다. 객실도 17개로 비교적 많은 편이고 협재해수욕장에서 그리 멀지 않은 곳에 있다.

요금 _ 비수기 70,000원~150,000원
　　　성수기 200,000원~300,000원
전화 _ 064)796-3555
주소 _ 북제주군 한림읍 협재리
www.oceanvalley.co.kr

【탐라민박】 협재해수욕장 바로 앞 슈퍼 2층에 위치한 민박집으로 시설은 평범하지만 저렴한 비용으로 해수욕만을 즐기려는 여행자에게 적합한 곳이다. 특히 여름에 백사장에서 파라솔 하나를 사용하고 샤워 한번을 하더라도 이용 요금을 지불해야 한다는 것을 생각하면 그리 비싼 숙박 요금이라고 생각되지는 않는다.

요금 _ 비수기 30,000원
　　　 성수기 70,000~80,000원
전화 _ 064)796-0279
주소 _ 북제주군 한림읍 협재리
　　　 2447-3

【써니빌】 곽지해수욕장이 한눈에 내려다보이는 해안에 위치해 있으며 16평형, 21평형, 27평형의 객실을 보유하고 있다. 16평형은 2인 기준 요금이며 나머지는 4인 기준 요금이다. 발코니도 훌륭하고 전체적으로 쾌적한 시설을 갖추고 있다.

요금 _ 비수기 60,000원~100,000원
　　　 성수기 80,000원~150,000원
전화 _ 064)799-2131
주소 _ 북제주군 애월읍 곽지리 1613
www.sunnyvil.com

【꿈의민박】 이곳 역시 협재해수욕장 바로 옆에 위치한 민박집으로 모두 원룸형으로 이루어져 있다. 1층에는 전망 좋은 레스토랑이 있으며 해변을 찾는 여행자 중에 일행이 많은 여행자들에게 적합하다.

요금 _ 비수기 40,000원~50,000원
　　　 성수기 100,000원~120,000원
전화 _ 064)796-7272
주소 _ 북제주군 한림읍 협재리 1731

【포시즌빌리지】 곽지해수욕장 바로 앞에 위치해 있으며 모든 객실이 방 2개와 거실을 갖추고 있다. 필요한 경우 노트북 무료 대여가 가능하고 12평형은 4인 기준 요금이며 18평형은 6인 기준 요금이다.

요금 _ 비수기 50,000원~70,000원
　　　 성수기 80,000원~120,000원
전화 _ 064)799-9292
주소 _ 북제주군 애월읍 곽지리
　　　 1575-7

【곽지어촌계민박】 13평형, 26평형, 28평형으로 구분되어 있으며 13평형은 원룸으로 2인 기준 요금이고 26평형, 28평형은 4인 기준 요금이다. 어촌계에서 운영하는 곳이므로 비교적 저렴한 요금을 받고 있으며 편의점과 노래방의 부대시설을 갖추고 있을 정도로 제법 규모도 큰 곳이다. 위치는 곽지해수욕장이다.

요금 _ 비수기 13평형 40,000원
　　　　　 26, 28평형 80,000원
　　　 성수기 13평형 60,000원
　　　　　 26, 28평형 120,000원
전화 _ 064)799-3900
주소 _ 북제주군 애월읍 곽지리 1584-5

【바다민박】 제주에서 이제 전통 민박집을 찾는 것은 매우 어려운 일이다. 생활 수준이 높아지면서 비싼 돈을 지불하더라도 고급스런 숙박업소를 선호하고 있기 때문이다. 그러나 이곳 바다민박은 예전 민박 그대로 자신들이 사용하던 방의 일부를 내주는 민박집으로 시설은 당연히 열악한 편이지만 가격은 최고로 저렴한 수준이다. 위치는 곽지 해수욕장 인근이다.

요금 _ 20,000원
전화 _ 064)799-3195
주소 _ 북제주군 애월읍 곽지리
　　　 1581-20

제주도 테마 여행

제주의 축제

이곳에서는 대표적인 축제만을 소개하고 있지만 제주는 일년 내내 크고 작은 축제가 멈추지 않는 곳이다. 종류 또한 다양해서 풍부한 볼거리와 즐길 거리를 제공한다. 축제를 즐기는 가장 좋은 방법은 '관람'이 아니라 '참여'다. 한 발짝 물러나서 점잔을 떨며 방관자적 입장을 취하는 것보다는 적극적으로 축제 속에 뛰어들 때 비로소 축제를 만끽할 수 있다.

【정월대보름 들불축제】 예부터 논농사가 거의 전무하고 목축업이 발달했던 제주에서는 봄이 오기 전 누렇게 마른 들판에 불을 놓는 풍습이 있었다. 육지 지방에서 논둑과 밭둑에 놓는 쥐불과 흡사한 것으로 각종 병충해의 원인인 해충들을 죽이고 풀들이 불에 타고 남은 재들은 새로 솟아나는 목초들에게 거름이 되기도 하는 것이다. 이런 풍습을 축제로 승화시킨 것이 들불축제이다.

새별오름 일대에서 벌어지는 이 축제의 부대행사 중 가장 큰 볼거리는 역시 새별오름 전체에 불을 붙이는 순간이다. 활활 타오르는 불길이 순식간에 정상을 향해 치솟아 오르는 모습은 장관이 아닐 수 없으며 수십 미터 밖까지 그 뜨거운 열기가 밀려올 정도다.

행사장소 서부관광도로변 새별오름
행사시기 새해 첫 대보름
문의전화 북제주군 관광교통과 064)741-0544, 0580

【제주왕벚꽃잔치】 제주는 우리 나라 최남단이기 때문에 가장 먼저 벚꽃 소식이 전해지는 곳이다. 해마다 제주시 일대에 흐드러지게 피어난 벚꽃 길에서 펼쳐지는 왕벚꽃잔치는 전통과 현대문화가 어우러진 다양한 행사가 마련되지만 벚꽃 길을 걷는 것보다 더 즐거운 일은 없을 것이다. 제주시 이외에도 서귀포 중문 시내와 제주대학교 진입로도 벚꽃길로 유명한 곳이다.

참고적으로 왕벚꽃 나무의 원산지는 일본이 아니고 한라산 일대다.

행사장소 제주시 종합경기장 및 시내 벚꽃 길 일대
행사시기 3월 하순
문의전화 제주시청 관광과 064)750-7413, 7414

【제주유채꽃잔치】

유채꽃은 제주의 봄을 상징하는 꽃으로 자리잡은 지 오래다. 광활한 대지와 돌담 사이에서 노랗게 피어나는 유채꽃은 파종 시기에 따라 2월부터 피어나기 시작하며 4월이 되면 제주는 가는 곳마다 유채꽃으로 대 장관을 이룬다.

축제 기간에는 각종 공연과 민속공예품 전시, 노래자랑, 유채꽃길 걷기 등 다채로운 행사가 펼쳐지며 개최장소는 해마다 바뀐다.

행사장소 해마다 개최 장소는 변경됨
행사시기 4월 중하순
문의전화 남제주군 관광진흥과 064)730-1544

【강정천올림은어축제】

은어는 1급수에서만 서식하는 고급 어종으로 민물에서 부화된 후 바다로 내려가 성장을 하고 봄철에 자신이 태어났던 하천으로 회귀하는 물고기다. 강정천을 살리고 은어를 보호하는 운동이 전개되면서 회귀하는 은어의 개체수가 늘어나 오히려 은어에게 스트레스를 주며 먹이 부족 현상이 발생하여 적정한 개체수만 남기고 나머지는 포획하는 것이 바람직하다고 한다.

이런 운동을 축제와 연계시킨 것이 바로 올림은어축제다. 3월 중순부터 4월말까지 회귀한 은어는 상류로 올라갈 수 있도록 도움을 주고 그 이후에 올라오는 은어를 포획하게 된다.

행사장소 서귀포시 강정동 강정천
행사시기 5월 초
문의전화 수산진흥계 064)739-3411

【서귀포칠선녀축제】

천제연폭포에는 하늘에서 옥황상제를 모시는 일곱 선녀들이 내려와 목욕을 하고 올라갔다는 전설이 전해지는 곳이다. 축제 기간에는 이러한 전설을

재현하고 각종 춤과 노래 공연이 이어지며 폭포 주변에서 불꽃놀이, 제주사투리경연대회 등의 행사가 열린다. 아름다운 천제연폭포를 배경으로 진행되는 축제이며 야간에 천제연폭포를 감상할 수 있는 기회이기도 하다.

행사장소 서귀포시 중문 천제역폭포 일대
행사시기 5월
문의전화 서귀포시 관광진흥과 064)735-3542

【한라산철쭉제】
봄을 알리는 또 다른 꽃 중 하나인 철쭉은 성판악 등산길과 영실 코스인 윗세오름 구간에서 5월이면 활짝 피어난다. 철쭉이 피기 전 진달래가 먼저 피기 때문에 이 일대의 꽃잔치는 제법 오래 펼쳐지는 편이다. 장엄한 한라산에 철쭉과 진달래가 아름다움을 더하는 이 기간에 즐기는 등산의 감동은 매우 특별하다. 철쭉제는 1967년부터 산악인들에 의해 시작되었으며 조국통일과 사고 예방을 기원하는 산신제가 거행된다.

행사장소 한라산 윗세오름 일대
행사시기 5월 초순
문의전화 제주산악연맹 064)759-0848

【한여름밤의 해변축제】
한여름의 절정에 열리는 이 축제는 제주를 대표하는 여름 축제이다. 젊음과 낭만을 맘껏 발산할 수 있는 젊은 축제로서 제주시 탑동 해변공연장을 주무대로 펼쳐진다. 무용제, 연극제, 전시회, 패션쇼 등과 가수들의 콘서트와 음악회 등 여름밤을 뜨겁게 달구는 예술축제이다. 제주시 해변의 아름다운 야경 속에서 신나는 추억을 만들 수 있는 기회가 될 것이다.

행사장소 제주시 탑동 해변공연장
행사시기 7월 말에서 8월 초
문의전화 제주시 문화체육과 064)750-7225, 7541

【서귀포칠십리축제】
서귀포에서 개최하는 축제 중에 가장 큰 축제로 여행자들이 참여할 수 있는 프로그램이 매우 다양하다. 각종 민속놀이 공연은 물론이고 제주만의 독특한 지역 문화들도 직접 체험할 수 있는 기회가 풍부하다. 뿐만 아니라 선상낚시나 스쿠버다이빙 등도 무료체험을 시행하고 있어 제주를 찾은 여행자들과 지역 주민이 함께 어우러지는 멋진 한마당이 펼쳐지며 향토음식을 맛볼 수 있는 부대시설들도 마련된다.

행사장소 서귀포시 천지연폭포 일대
행사시기 9월 중순
문의전화 서귀포시청 관광진흥과 064)735-3542
　　　　　　 서귀포시축제위원회 064)763-7102

【탐라문화제】
제주도에서 가장 오랜 전통을 갖고 있는 축제로서 그 규모 또한 방대해서 제주 전역에 걸쳐서 행사가 이루어진다. 민속공연과 음악제, 연극제, 사진촬영대회, 영화제 등을 비롯해 거리 곳곳에서도 축제의 열기를 느낄 수 있다. 무엇보다 문화부에서 지정한 전통민속축제이기에 제주의 민속문화를 이해하고 즐길 수 있는 좋은 기회가 된다.

행사장소 제주도 전역
행사시기 10월 초
문의전화 제주도 문화예술과 064)710-3413

【모슬포방어축제】

모슬포방어축제는 우리 나라 최남단 마라도 연안에서 많이 잡히고 있는 방어를 축제화하여 어촌 문화를 관광상품으로 정착시킨 행사이다. 수려한 자연환경과 풍부한 수산자원을 갖고 있는 모슬포항 일대에서 선상낚시대회와 방어무료시식회, 방어이어달리기, 풍어제, 노젓기대회 등 각종 행사가 펼쳐진다.

행사장소 남제주군 모슬포항
행사시기 11월중
문의전화 남제주군 관광진흥과 064)730-1544

【제주억새꽃축제】

제주의 가을을 더욱 운치 있고 아름답게 만드는 것이 바로 억새꽃이다. 10월이 되면 어느 특정 지역이 아니라 제주 전역에 걸쳐서 억새꽃이 피어나 넓은 들판을 은빛으로 물들이며 인상적인 볼거리를 제공한다. 특히 중산간 지역의 오름들을 뒤덮은 억새꽃의 모습은 여행자들의 눈길을 사로잡기에 충분하다. 억새는 일명 '으악새'

라 불리는 볏과 계통의 다년초로 제주에서는 벼짚 대신 초가 지붕을 올릴 때 사용되었었다. 축제 기간에는 억새꽃길 트래킹과 각종 민속공연과 그림그리기 대회 등이 펼쳐진다.

행사장소 해마다 개최 장소는 변경됨
행사시기 10월 중순
문의전화 제주도관광협회 064)742-8861~4

【제주감귤축제】

제주의 상징이라고 할 수 있는 감귤은 10월 말이면 노랗게 익어 수확이 시작된다. 감귤축제는 이 시기에 맞춰 펼쳐지며 감귤아가씨 선발대회, 감귤품평회, 풍물장터 등이 열린다. 하지만 행사가 열리는 장소가 아니더라도 이 무렵에는 제주 전역의 감귤농장에서 농장을 개방하여 감귤따기체험을 제공하며 감귤 홍보에 앞장선다. 직접 수확한 감귤을 싼 가격에 구입도 가능해 수확의 즐거움을 경험하며 특산품 쇼핑을 할 수 있는 일석이조의 기쁨을 얻을 수 있다.

행사장소 제주시
행사시기 11월 중
문의전화 제주도청 감귤과 064)710-3171

레저
스포츠

한라산 등산

한라산은 30만 년에서 10만 년 전 사이에 화산용 암이 만들어낸 작품이다. 약 2만 5천 년 전 마지막 대폭발이 있었고 이때 백록담이 생성되었다고 한다. 해발 1,950m로 남한에서는 가장 높은 산이며 학창시절 '한번(1) 구경(9) 오십(5)시오' 라는 문구로 한라산의 높이를 암기하기도 했었다.

제주가 곧 한라산이고 한라산이 곧 제주라고 할만큼 한라산이 갖고 있는 상징성은 대단한 것이다. 짧은 일정으로 한라산까지 등산하는 것은 어려운 일이지만 등산을 좋아하는 여행자에게는 절대로 놓칠 수 없는 명산이다.

한라산 등반 코스

【영실코스】 3.7km / 입산마감시간 12:00

~14:00 가장 짧은 코스이며 영주10경의 하나인 영실기암을 감상할 수 있다. 윗세오름 대피소까지만 등반이 가능하며 이곳에서 영실로 되돌아오거나 어리목으로 내려갈 수도 있다.

영실휴게소(1,280m)-1.5km/약 1시간-병풍바위-2.3km/약 30분-윗세오름 대피소(1,700m)

【어리목코스】 4.7km / 입산마감시간

12:00~14:00 이곳 역시 등산 길이가 길지는 않은 편이지만 초보자에게는 마지막 윗세오름 대피소까지의 완만한 코스가 너무 길게 느껴지기도 한다. 영실코스와 마찬가지로 윗세오름 대피소에서 되돌아 내려오거나 영실코스로 내려갈 수 있다.

어리목광장(970m)-2.4km/약 1시간-사제비동산-0.8km/약 30분-만세동산-1.5km/약 30분-윗세오름 대피소(1,700m)

【관음사코스】 6.8km/입산마감시간

09:00~10:00 한라산의 북쪽 탐라계곡의 웅장함을 감상할 수 있다는 것이 가장 큰 장점이며 구린굴이라는 용암동굴도 구경할 수 있다.

관음사(620m)-3.5km/약 1시간-탐라계곡-1.7km/약 1시간 30분-개미목-1.9km/약 1시간-용진각 대피소(1,500m)-1.8km/약 30분-백록담(1,950m)

❂ 용진각 이후는 12월에서 2월 사이에만 등반 가능

【성판악코스】 7.3km/입산마감시간

09:00~10:00 한라산 등반코스 중에 가장 긴 코스지만 경사도가 완만하여 초보자들에게 무리가 없으며 산악인들에게 가장 인기있는 코스다.

성판악휴게소(850m)-3.5km/약 1시간 20분-속밭-2.1km/약 40분-사리악-1.5km/약 1시간-진달래밭 대피소(1,500m)-2.3km/약 1시간 30분-백록담(1,950m)

❂ 진달래밭 대피소 이후는 12월에서 2월 사이에만 등반 가능

문의전화 한라산국립공원사무소 064)742-3084

꼭 알아둡시다!

1 한라산은 야영과 취사가 금지되어 있으며 당일 산행을 원칙으로 하고 있다. 따라서 하산까지의 시간을 고려해서 입산 마감시간이 정해져 있다. 계절에 따라 입산 마감시간은 약간의 차이가 있으나 냉정하게 지켜지고 있으므로 이 시간까지 매표소에 도착해야 하며 시간을 넘기면 등산을 포기하고 되돌아 와야 한다. 또한 대피소에서 컵라면 정도만 판매할 뿐 음식을 파는 곳이 없으므로 산행에 필요한 음식과 식수는 각자 미리 준비해야 한다.

2 한라산은 밀려드는 관광객으로부터 훼손을 막기 위해 자연휴식년제가 실시되고 있다. 2004년 5월 현재 백록담 정상은 어떤 등산코스로도 등반이 금지되어 있다. 단, 적설기인 12월부터 이듬해 2월까지는 관음사와 성판악 코스를 통해 백록담까지 등반이 가능하다.

3 고도가 높고 섬이라는 특성상 기후 변화가 매우 심하다. 해안지역은 쾌청함에도 불구하고 산중턱은 폭우가 쏟아지기도 하며 심지어 한라산을 등반하면서 사계절을 모두 경험하게 되는 경우도 있다. 등반 시기에 맞는 적절한 복장은 물론 날씨 변화를 대비한 여벌의 옷을 준비하는 것이 좋다.

오름기행

제주에는 총 368개의 오름이 있으며 그 오름 하나하나 모습만큼 예쁜 이름들을 갖고 있다. 아마도 제주에 오름이 없었다면 제주의 아름다움은 지금의 반으로 줄었을 것이다.

드넓은 들판을 승용차로 달리다보면 녹색 평원 위에 둥글게 솟아난 오름들의 모습을 보게 되는데 그 아름다움에 취해 차를 세우고 한참을 바라보게 된다. 그리고 문득, 바라만 보는 것이 아니고 세상의 발길과 동떨어진 듯한 그 오름에 오르고 싶은 충동을 느끼게 된다.

하지만 오름들 상당수가 개인 소유의 토지이기 때문에 통제되는 곳도 있으며 오름으로 연결되는 도로가 거의 개발되어 있지 않아 그 입구를 찾는 것이 쉽지 않다. 이는 오름에 오르려는 사람들에게는 불편한 일이기도 하지

만 아름다운 오름이 훼손되지 않고 유지될 수 있는 요인이기도 하다.

　여행자가 오를 수 있는 오름은 대부분 동쪽에 몰려 있으며 이 장에서 대표적인 몇 개의 오름과 가는 방법을 소개하기는 하겠지만 인근 주민에게 길을 묻는 것이 가장 현명하다. 설령 입구를 찾지 못해 수풀과 덤불 속을 헤매더라도 그것 자체가 행복이고 즐거운 추억이라고 생각할 수 있는 사람만이 오름에 오를 준비가 된 사람이라고 말하고 싶다. 그만큼 그냥 걷기만 하면 될 것 같은 오름의 입구를 찾는 일은 쉽지 않다.

【새별오름】

정월대보름에 갈색 억새풀을 불태우는 '들불축제'가 열리는 곳이기도 하며 이곳에서 소개하는 오름 중에 유일하게 서쪽에 위치한 오름이다. 주변의 초지도 평화롭지만 정상에서 바라보는 이웃 오름들의 능선이 무척 아름답다. 새별오름이란 이름은 밤하늘에 샛별처럼 외롭게 서 있다 하여 붙여진 이름이라고 한다.

가는 길 제주시에서 서부관광도로(95번)를 이용해 중문으로 가다보면 제주경마장을 지난 후 도로변 우측으로 그린리조트가 나타난다. 이곳을 지나자마자 시멘트로 포장된 진입로가 나온다. 이 진입로로 따라 200여 미터 들어가면 된다.

【용눈이오름】 산 복판이 크게 패어있는 형세가 용이 누웠던 자리 같다고 해서 용눈이오름이라고 불리게 되었다는 이 오름은 제주의 오름 중에서는 꽤 유명세를 타고 있는 오름이다. 북동쪽의 정상봉을 중심으로 세 봉우리로 이루어져 있으며 전체적으로 얕게 벌어진 말굽형 화구의 모양을 하고 있다. 또한 서사면 기슭에는 정상부가 주발모양으로 오목하게 패어 있는 기생화산과 원추형 기생화산이 딸려 있어 전체적으로 여러 종류의 화구로 이루어진 형상이다.

가는 길 제주시에서 동부관광도로(97번)를 이용해 표선 방향으로 진행 후 대천동 사거리에서 1112번 도로로 좌회전. 이후 송당 사거리에서 다시 16번 도로를 이용해 우회전 후 10분 정도 직진하면 갈림길이 나오며 이곳에서 왼쪽 길로 들어서면 오름 입구가 나온다. 작은 밭과 철책을 넘어야 한다.

【아부오름】 이정재가 주연을 맡았으나 흥행에서는 쓴잔을 마셔야 했던 영화 '이재수의 난' 촬영지로 유명해진 곳이다. 오름의 높이는 불과 51m에 불과하지만 아부오름의 진면목은 정상에 오르는 순간 깨닫게 된다. 여느 오름과는 다르게 넓게 파인 정상 안쪽에는 원형 경기장을 연상시킬 정도로 삼나무가 둥글게 심겨져 있다. 도시락이라도 싸들고 가고 싶은 오름이지만 오름의 소유주는 외부인의 방문을 달갑게 여기지 않는다는 것을 염두에 두어야 한다.

가는 길 제주시에서 동부관광도로(97번)를 이용 표선 방향으로 진행 후 대천동 사거리에서 1112번 도로로 좌회전. 이후 4km 정도 진행하다 보면 '건영목장' 간판이 나타난다. 여기서 목장 이정표를 따라 시멘트 포장도로를 이용 우회전. 건영목장 정문 앞을 좀더 지나면 오름 입구가 나온다.

【손자봉】 남쪽의 정상봉을 중심으로 동쪽에는 평평한 등성이를 이루고 있으며 서쪽은 크고 작은 세 봉우리로 이루어져 있다. 가운데는 화구의 둘레가 600m, 깊이가 26m에 이르는 타원형 분화구가 패여 있어 아담하면서도 다양한 모양새를 보여주는 오름이다. 선이라도 그어놓은 듯 경사면에 삼나무가 X자 모양으로 심겨져 있는 것이 특징이다. 높이는 약 255m다.

가는 길 제주시 출발 기준으로 용눈이 오름 못 미친 건너편에 위치하고 있다.

【다랑쉬오름】 오름 중에서 가장 빼어난 곡선미를 자랑하며 거슬리는 것 하나 없이 미끈한 모양을 하고 있다. 다랑쉬는 산봉우리의 분화구가 마치 달처럼 둥글다 하여 붙여진 이름이라는 말도 있지만 언어학자의 연구에 의하면 다랑쉬는 높은 봉우리라는 뜻이라고 한다. 정상 화구의 깊이는 백록담의 깊이와 같은 115m이며 오름의 높이는 227m나 된다. 오름 주변에는 시호꽃, 송장꽃, 섬잔대, 가재쑥부쟁이 등이 야생화들이 자생한다.

가는 길 제주시 출발기준으로 송당 사거리까지는 용눈이오름과 같음. 이곳에서 16번 도로를 이용해 우회전 후 10분 정도 직진하면 갈림길이 나오며 이곳에서 왼쪽 길로 들어서야 한다. 이후 약 1km 직진

【동거문(동검은)오름】 동거문 혹은 동검은이라고 불리는 이 오름은 지도마다 이름 표기가 다르다. 세 개의 화구로 이루어진 것이 특징이며 봉우리는 피라미드형과 돔형으로 이루어져 있고 비교적 경사면은 완만하다. 정상에서 바라보는 성산일출봉과 그 앞 바다의 모습이 장관이다.

가는 길 제주시 출발기준으로 송당 사거리까지는 용눈이오름과 같음. 송당에서 16번 도로를 이용 수산 방면으로 진행하다가 하도 입구 이정표 전에 남쪽(손자봉 옆길)으로 들어가는 시멘트 포장도로로 진입하여 하도목장으로 진입. 목장 안에서 오름으로 올라 갈 수 있으나 차량은 목장 안까지 진입이 금지되어 있다.

【따라비오름】 이곳 역시 세 개의 화구가 있는 것이 특징이며 크고 작은 여러 개의 봉우리가 매끄러운 등성이로 연결되어 하나의 몸체를 이루고 있다. 예전에는 따래비, 따애비, 따하래비 등으로 불리기도 했으며 따라비는 '다라비'라는 고구려 말이 어원이라고 하며 이 역시 '높은 산'을 의미한다고 한다. 비가 많이 올 때는 정산 화구에 물이 고이기도 한다.

가는 길 제주시에서 동부관광도로(97번)를 이용해 표선 방향으로 진행 후 대천동 사거리에서 약 4km 정도 더 직진하면 남영목장으로 들어서는 입구가 나온다. 이곳에서 삼나무가 늘어선 비포장도로를 따라 들어간 후 목장 본부를 지나 동쪽으로 들어가면 삼나무가 끝나는 곳 오른쪽에 억새밭이 있으며 그 너머로 걸어 올라가야 한다.

스쿠버다이빙

땅만 밟고 사는 사람들에게 물 속 세상은 신비로움 그 자체이다. 특히 제주 바다의 용암분출이 만들어낸 바위들과 아름다운 산호군락, 형형색색의 열대어들이 코앞에서 노니는 모습은 경이롭기까지 하다.

제주도는 아열대 기후로 연중 수온이 20℃를 유지하기 때문에 사계절 스쿠버다이빙이 가능한 곳이다. 하지만 겨울에는 조금 추운 것이 사실이며 4월과 5월 사이나 9월과 10월 사이가 바다 속 투명도가 뛰어나 스쿠버다이빙의 최적기로 꼽히고 있다.

제주의 모든 바다가 아름다운 것은 말할 필요도 없지만 다이버들에게 최고로 인정받는 포인트는 서귀포 앞 바다의 문섬과 범섬 일대이며 송악산 인근인 형제섬과 동쪽의 우도, 서쪽의 차귀도 인근이 꼽히고 있다. 하지만 최근 우도나 차귀도의 경우 주변 해녀들의 해양 수산물 자원 보호 요구에 의해 다이빙이 어려운 상황이다. 그러므로 한두 번 정도의 체험 다이빙만 원하는 초보 다이버라면 제주에서 가장 뛰어날 뿐 아니라 세계적인 수준을 자랑하는 서귀포 앞 바다의 문섬 일대를 권한다.

사진제공 한강협

비용 초보자의 경우 교육과 일체 장비를 포함에 1일 10만원 정도이며 잠수 시간은 대략 20~30분 정도이다. 업체에 따라서 무료 수중 사진도 촬영해 준다.

문의전화

제 주 시	다이브스테이션 064) 755-9934
	다이브환타지아 064) 747-8040
서귀포시	만타다이브센터 064) 763-2264
	다이빙센터천지 064) 733-7774

윈드서핑

바람만 있으면 어디든 갈 수 있는 해양스포츠가 바로 윈드서핑이다. 두세 명 팀을 이루는 것도 아니기에 고독과 자유와 낭만을 만끽할 수 있는 윈드서핑의 최적지는 바람이 많아 삼다도라는 별명까지 얻고 있는 제주일 것이다.

때문에 매년 여름이면 중문, 신양, 함덕, 곽지, 이호 해수욕장 등에는 윈드서핑을 즐기려는 서퍼들이 몰려든다. 무더운 여름 시속 60km의 속도로 바람을 가르며 광활한 바다를 질주하는 쾌감이란 어떤 것일까.

바다 위를 혼자서 질주하면서도 매우 안전한 스포츠이지만 한가지 염두에 두어야 할 사항은 하루만에 초보자도 체험이 가능한 스쿠버다이빙과 달리 윈드서핑은 어느 정도의 기술을 익혀야만 하기 때문에 하루체험으로는 제대로 질주 한번 못해보고 고생만 할 수도 있다는 것이다. 4~5일 정도 강습을 받으면 초보자도 혼자서 윈드서핑을 즐길 수 있다고 한다.

비용 강습과 일체의 장비를 포함해 하루 5만원 정도 예상하면 된다.

문의전화
다제주도 윈드서핑협회 064) 752-7527
윈드서핑 훈련소 064) 782-7522

패러글라이딩

새처럼 하늘을 날고자 하는 꿈은 어쩌면 인류의 역사와 동일한 것인지도 모른다. 그만큼 사람들은 하늘을 날기를 원했고 끊임없는 도전과 시행착오를 통해 오늘날의 항공문화가 이루어졌다.

패러글라이딩은 온 몸으로 하늘을 느끼고 바람을 맞는 스포츠이므로 새처럼 날기를 꿈꾸었던 인간의 꿈을 실현해 주는 스포츠라고 해도 과언은 아닐 것이다.

제주는 오름이라 불리는 수많은 구릉지가 있고 패러글라이딩에 적합한 바람 조건을 갖추고 있어서 하늘을 날고 싶었던 사람들에게 더없이 좋은 장소이다. 더욱이 초보자의 경우 높은 산에서 활공을 할 경우에 공포심이나 심적인 부담감을 느낄 수도 있지만 제주의 오름은 초보자에게도 매우 적합한 높이를 갖고 있다. 심지어 육지 지방에서도 제주로 와서 교육을 받고 돌아갈 정도로 제주는 패러글라이딩을 시작하기에 최고 적지이며 상공에서 바라보는 제주의 경치 역시 우리 나라에서 가장 뛰어나다고 할 수 있을 것이다.

처음 체험을 하는 경우는 혼자서 활공하는 것이 아니고 교육자와 함께 2인1조로 비행을 하게 된다.

비용 일체의 장비와 강습료를 포함해 1인당 7만원에서 8만원 사이이다.

문의전화

아름다운 비행 스쿨 011-698-2628
프리맨 패러글라이딩 스쿨 017-691-2633
미스미스터 패러글라이딩 스쿨 011-694-1811

승마

사람은 나면 서울로 보내고 말은 나면 제주로 보내라는 말이 증명하듯 제주는 예부터 말이 자라기에 좋은 조건을 갖고 있던 곳이었다.

　여행하면서 푸른 초원 속에서 한가롭게 풀을 뜯고 있는 모습을 보게 되면 말을 타고 대자연을 한번쯤 달려보고 싶은 충동을 누구나 느끼게 된다.

　물론 제주 말들은 관광지 곳곳에서 여행자들을 기다리며 기념촬영 주제로 인기를 얻고 있으며 모자를 쓰고 말안장에 앉아서 손으로 V자를 그리며 기념사진 찍는 것도 좋은 추억이

되겠지만 좀더 넓은 초원에서 제주의 광활한 자연을 달려본다면 제주를 좀더 오래 기억하게 될 것이다.

　물론 승마 역시 상당한 기술이 필요한 일이지만 간단한 체험 승마를 위한 승마장은 서부 관광도로와 중산간도로 일대를 비롯해 제주 전역에 수십 곳이 들어서 있다. 제주 말들은 온순하고 모두 훈련된 것들이라 위험성은 전혀 없으며 조련사가 항상 동반하기 때문에 안심하고 이용할 수 있다. 한번 이용 시간은 보통 30분 이내이다.

비용　10분 내외 11,000원
　　　30분 내외 25,000원~30,000원
문의전화
　　　송당승마장 064) 782-1199
　　　서광승마장 064) 794-5220
　　　알프스승마장 064) 787-3663
　　　오케이승마장 064) 787-3066

바다낚시

제주의 청정해역은 바다낚시를 즐기는 강태공들에게 선망의 대상이 되어왔으며 실제로 제주를 여행하다 보면 제주 해안 곳곳에서 낚시를 즐기는 강태공들을 쉽게 발견하게 된다.

시원한 바다를 배경으로 바위와 부딪힌 파도의 포말 앞에서 낚싯대를 드리운 강태공의 모습은 삶의 여유를 가장 만끽하는 사람들처럼 느껴지기도 한다.

바닷가 갯바위에서 낚시를 할 때는 간단한 낚시 장비만 있어도 무방하지만 근해의 무인도나 바다 한가운데서 배낚시를 즐기기 위해서는 선박의 도움은 당연한 일이다.

지역과 계절에 따라 잡히는 어종의 차이는 있지만 다금바리, 참돔, 돌돔, 흑돔, 감성돔, 농어, 뱅어 등 제주에서 잡히는 어종은 40여 종에 이르러 매우 다양하다. 낚시 포인트 역시 제주 어느 한두 곳을 추천할 수 없을 정도로 제주 전역이 좋은 바나 낚시 장소라고 할 수 있다.

비용 선박을 동원하지 않고 갯바위에서 낚시를 할 경우에는 낚싯대만 빌리면 되기 때문에 1만원 정도면 가능하지만 선박을 빌릴 경우에는 가격이 많이 달라진다. 선박 대여는 업소마다 차이가 있지만 2시간 기본 단위로 10만원 정도, 하루 기준은 30만원 정도 예상하면 된다.

문의전화
> **서귀포시 인근** 서귀포 관광낚시 064) 763-0120
> **차귀도 인근** 수용횟집 064) 773-2332
> **가파도 인근** 반도낚시 064) 794-8008
> 항구낚시 064)794-1500

자전거 여행

제주를 여행하는 좋은 방법 중에 하나가 바로 자전거 여행일 것이다. 귓불을 스쳐 지나가는 바람 하나까지 느끼기에 승용차는 너무 빠르고 제주 전역에 펼쳐져 있는 아름다운 곳을 일일이 찾아다니기에 도보 여행은 너무 느린 단점을 갖고 있다. 물론 자전거 역시 승용차에 비해서는 너무 느리다고 할 수 있을 것이다. 하지만 걷는 것에 비하면 무척 빠른 것도 사실이기에 약간의 시간적 여유와 조금의 체력만 있다면 자전거 여행은 적극 추천할 만한 여행 방법이다.

제주를 한바퀴 도는 데 소요되는 시간은 대략 2박3일에서 3박4일 정도이다. 하지만 이것은 해안을 위주로 일주도로를 이용했을 때를 기준으로 한 것이며 내륙을 포함할 때는 코스를 결정하는 방법도 매우 다양해지며 일정 또한 변수가 많다. 그리고 내륙은 정도의 차이가 있을지언정 언덕과 내리막이 많으므로 좀 더 많은 체력을 요구하게 된다. 하지만 젊은 이에게 자전거 여행은 도전적이면서도 진취적인 여행 방법으로 인기가 있으며 실제로 여름 시즌 내내 제주에는 자전거를 타고 일주하는 젊은이들을 수없이 보게 된다.

무엇보다 제주 전역에 걸쳐서 자전거 도로가 매우 잘 발달되어 있다는 것도 자전거 여

행자에게는 매우 기쁜 일이며 육지에서 직접 자전거를 가져 올 수도 있지만 제주에서도 대여가 가능하다는 것도 큰 장점이다.

물론 자전거 여행은 혼자보다는 두세 명 팀을 이루는 것이 바람직하다. 일단 텐트나 취사도구 등의 짐을 분배할 수 있다는 장점이 있으며 자전거 전용도로가 잘 발달되어 있다고는 하지만 혹시나 발생할 수 있는 교통안전 문제도 혼자보다는 여러 명이 있을 때 운전자의 눈에 잘 띄기 때문에 안전도가 높다고 할 수 있다.

젊은이만의 특권이라고 할 수도 있는 자전거 여행. 여행이 끝날 무렵에는 노출되었던 팔과 다리, 얼굴 등이 새까맣게 타버리고 엉덩이는 익숙하지 않았던 안장 때문에 제법 큰 통증을 경험하게 되지만 제주를 피부 깊숙이 사랑하게 되고 오래도록 잊지 못할 추억으로 간직하게 될 것이다.

【핵심 하루 코스】

1코스(서부중심)

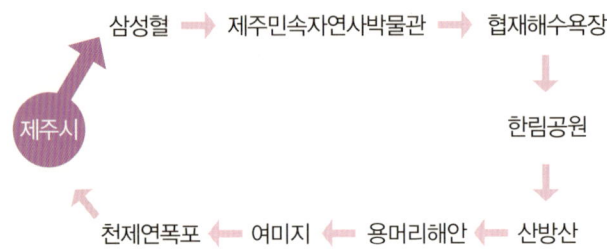

삼성혈 → 제주민속자연사박물관 → 협재해수욕장

제주시 ↑

한림공원 ↓

천제연폭포 ← 여미지 ← 용머리해안 ← 산방산

2코스(동부중심)

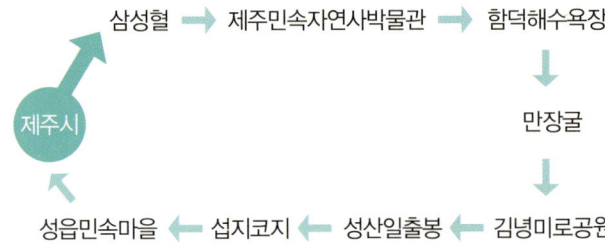

삼성혈 → 제주민속자연사박물관 → 함덕해수욕장

제주시 ↑

만장굴 ↓

성읍민속마을 ← 섭지코지 ← 성산일출봉 ← 김녕미로공원

일정별 추천 코스

【2박3일 코스】

1코스(서부중심)

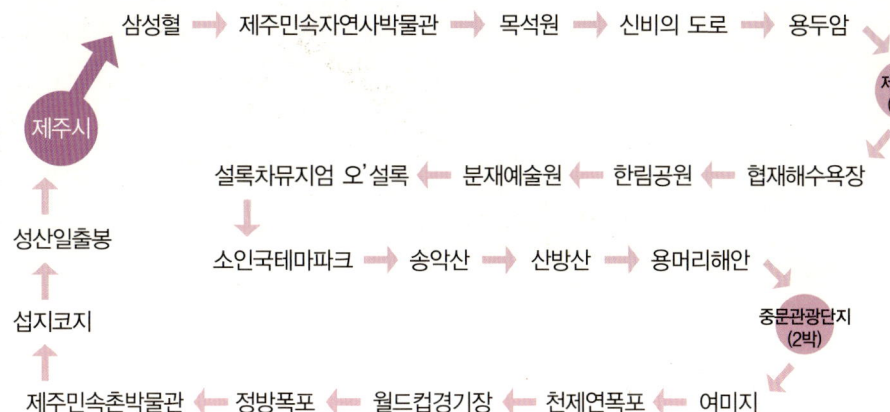

삼성혈 → 제주민속자연사박물관 → 목석원 → 신비의 도로 → 용두암 → 제주시(1박)

제주시 ← 성산일출봉 ← 섭지코지 ← 제주민속촌박물관 ← 정방폭포 ← 월드컵경기장 ← 천제연폭포 ← 여미지 ← 중문관광단지(2박)

설록차뮤지엄 오'설록 ← 분재예술원 ← 한림공원 ← 협재해수욕장

소인국테마파크 → 송악산 → 산방산 → 용머리해안

2코스(동부중심)

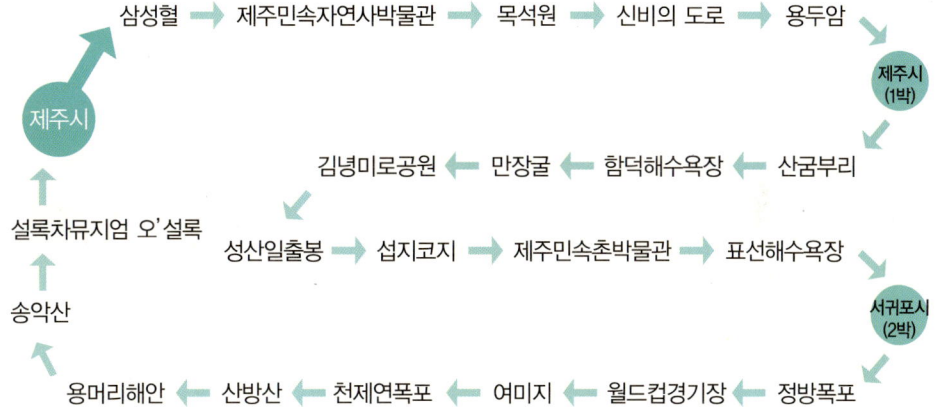

삼성혈 → 제주민속자연사박물관 → 목석원 → 신비의 도로 → 용두암 → 제주시(1박)

제주시 ← 설록차뮤지엄 오'설록 ← 송악산 ← 용머리해안 ← 산방산 ← 천제연폭포 ← 여미지 ← 월드컵경기장 ← 정방폭포 ← 서귀포시(2박)

김녕미로공원 ← 만장굴 ← 함덕해수욕장 ← 산굼부리

성산일출봉 → 섭지코지 → 제주민속촌박물관 → 표선해수욕장

【3박4일 코스】

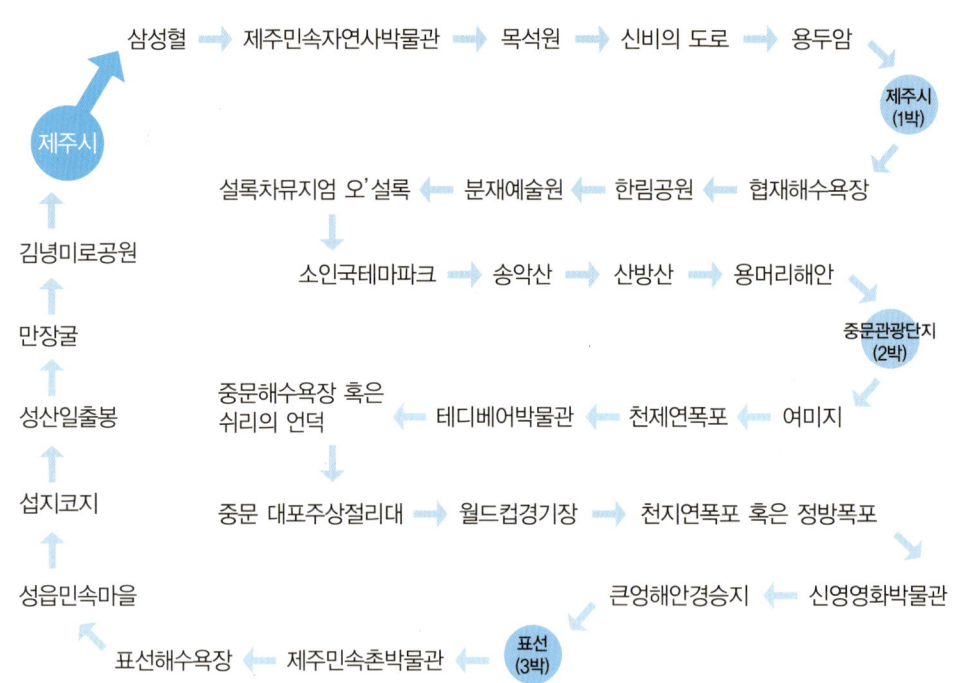

삼성혈 → 제주민속자연사박물관 → 목석원 → 신비의 도로 → 용두암

제주시 (1박)

설록차뮤지엄 오'설록 ← 분재예술원 ← 한림공원 ← 협재해수욕장

소인국테마파크 → 송악산 → 산방산 → 용머리해안

중문관광단지 (2박)

중문해수욕장 혹은 쉬리의 언덕 ← 테디베어박물관 ← 천제연폭포 ← 여미지

중문 대포주상절리대 → 월드컵경기장 → 천지연폭포 혹은 정방폭포

큰엉해안경승지 ← 신영영화박물관

표선 (3박)

성읍민속마을

표선해수욕장 ← 제주민속촌박물관

섭지코지

성산일출봉

만장굴

김녕미로공원

제주시

소도시
여행의
로망
대한민국 빈티지를 만나다

알록달록 벽화 마을, 노랑 산악 열차, 두 번 뜨는 달…
우리 소도시에서 새로운 풍경을 만났다

통영에는 어린왕자와 보아뱀,
사막여우가 총출동한 벽화 마을이 있다.
목포에서는 조청을 쪼르르 부어 먹는
쑥굴레 맛에 감탄하고, 전주 한옥마을에서는
뎅뎅 풍경소리에 마음이 들떠 잠이 오지 않을 정도다.
기대하지 않았던 재미와 행복이 빵빵 터지는
우리나라 소도시 여행.
녹록지 않은 일상에 지친 이들에게
휴식같은 시간을 선물한다.

고선영 · 김형호 지음 | 392쪽 | 12,000원

고층 건물도, 번듯한 상점도, 고급스러운 승용차도 없는 이 마을에서 오래 묵은 차 한 잔이면 세상 부러울 것 없을 듯하다. 장 담그고 엿 만들고 황토물로 염색하고 장아찌 만드는 순한 장인들이 살아가는, 오래된 돌담이 있는 마을은 지금 그대로 족해 보였다. 고요하고 평화롭다. 나도 이런 곳에서 달팽이처럼 느릿느릿 살아 보고 싶다고 마음 한구석 간질간질 충동이 인다. 느려도 괜찮아, 라는 말로 삶의 위안을 얻고 싶은 건 나뿐일까. _ 본문 중에서